ISBN 978-3-662-24120-2   ISBN 978-3-662-26232-0 (eBook)
DOI 10.1007/978-3-662-26232-0

XI. Die glucosurische Osteopathie
(Das sog. Fanconi-Syndrom beim Erwachsenen)[*]

Von

FRIEDRICH KUHLENCORDT

Mit 14 Abbildungen

---

[*] Aus der I. Medizinischen Universitäts-Klinik Hamburg-Eppendorf (Direktor: Professor Dr. H. H. BERG)

Inhalt

	Seite
Literatur	622
I. Einleitung	627
II. Renale Osteopathien	628
1. Vorwiegend Glomerulus- und tubulus-bedingte renale Osteopathien	628
2. Vorwiegend tubulusbedingte renale Osteopathien	630
a) Lightwood-Albright-Syndrom	632
b) Fanconi-Syndrom	634
III. Klinik der hypophosphatämischen Osteopathie mit renaler Glucosurie	636
A. Eigene Beobachtungen	636
B. Gesamtes Krankengut	645
1. Allgemeines	645
2. Geschlechtsverteilung und Alter	648
3. Familienanamnese	648
4. Frühere Erkrankungen	649
5. Krankheitsverlauf	652
IV. Pathologisch-anatomische Befunde	654
1. Niere	654
2. Skelet und Nebenschilddrüsen	656
V. Fragen der Pathogenese und Ätiologie	657
1. Glucosurie	657
2. Glucosurie und Aminoacidurie	659
3. Phosphaturie — Hypophosphatämie	660
4. Störungen der Säure-Basen-Regulation	662
VI. Schlußbetrachtung	663

Literatur

ABDERHALDEN, E.: Familiäre Cystindiathese. Z. physiol. Chem. 38, 557 (1903).

ALBRIGHT, F., and E. C. REIFENSTEIN jr.: [1] The parathyroid glands and metabolic disease. Baltimore: Williams & Wilkins Comp. 1948.

— C. H. BURNETT, W. PARSON, E. C. REIFENSTEIN jr. and A. ROOS: [2] Osteomalacia and late rickets. The various etiologies met in the United States with emphasis on that resulting from a specific form of renal acidosis. The therapeutic indications for each etiological subgroup, and the relationship between osteomalacia and Milkman's syndrome. Medicine 25, 399 (1946).

— W. V. CONSOLAZIO, F. S. COOMBS, H. W. SULKOWITCH and J. H. TALBOTT: [3] Metabolic studies and therapy in a case of nephrocalcinosis with rickets and dwarfism. Bull. Johns Hopkins Hosp. 66, 7 (1940).

— T. G. DRAKE and H. W. SULKOWITCH: [4] Renal osteitis fibrosa cystica. Report of a case with discussion of metabolic aspects. Bull. Johns Hopkins Hosp. 60, 377 (1937).

— P. C. BAIRD, O. COPE and E. BLOOMBERG: [5] Studies on the Physiology of the parathyroid glands. IV. Renal complications of hyperparathyroidism. Amer. J. Med. Sci. 187, 49 (1934).

ANDERSON, J. A., A. MILLER and A. P. KENNY: Osteomalacia and renal glycosuria in adults. Metabolic investigation of a case with particular reference to its relation to the Fanconi syndrome and to treatment. Quart. J. Med. N. s. 21, 33 (1952).
AYER, J. L., W. A. SCHIESS and R. F. PITTS: Zit. nach H. W. SMITH, The Kidney.
BABAIANTZ, L.: Les ostéoporoses. Radiol. clin. 16, 291 (1947).
BAINES, G. H., J. A. BARCLAY and W. T. COOKE: Nephrocalcinosis associated with hyperchloremia and low plasma-bicarbonate. Quart. J. Med. 14, 113 (1945).
BANSI, H. W.: Das Hungerödem. Stuttgart: Ferdinand Enke 1949.
BARTELHEIMER, H.: [1] Die klinische Bedeutung, der Nachweis und die Behandlung der Osteoporose. Ärztl. Wschr. 1953, 1137.
— [2] Entkalkungsosteopathien bei Niereninsuffizienz. Berl. med. Z. 1, H. 25/26 (1950).
— [3] Klinisches Bild, Entstehung und heutige Bedeutung der universellen calcipriven Osteopathien. Klin. Wschr. 1949, 521.
— [4] persönliche briefl. Mitteilung.
BARTTER, F. C.: The parathyroids. Ann. Rev. Physiol. 16, 429 (1954).
BEARN, A. G., u. H. G. KUNKEL: Zit. nach R. M. MYERSON u. B. H. PASTOR.
BERG, H. H.: Klinik des Hungers und der Mangelernährung. Synopsis. Studien aus Medizin und Naturwissenschaft; herausgeg. v. A. Jores, Hamburg. Hamburg: Claassen & Goverts 1949.
BEUMER, H., u. W. WEPLER: Über die Cystinkrankheit der ersten Lebenszeit. Klin. Wschr. 1937, 8.
BICKEL, H.: [1] Die Entwicklung der biochemischen Läsion bei der Lignac-Fanconischen Krankheit. Internat. Elektrolyt-Symposium. Basel: Benno Schwalbe & Co. 1954.
— [2] Zur Klinik und Pathogenese des Fanconi-Syndroms an Hand von 7 kürzlich beobachteten Fällen. Mschr. Kinderheilk. 99, 32 (1951).
— H. S. BAAR, R. ASTLEY, A. A. DOUGLAS, E. FINCH, H. HARRIS, C. C. HARVEY, E. M. HICKMANNS, M. G. PHILPOTT, W. C. SMALLWOOD, J. M. SMELLIE, C. G. TEALL: Cystine storage disease with aminoaciduria and dwarfism (Lignac-Fanconi-Disease). Acta paediatr. (Stockh.) 42 (Supp. 90) (1952).
— and H. HARRIS: The genetics of Lignac-Fanconi disease. In: Acta paediatr. 42 (Suppl. 90) (1952).
BIERICH, J.: Persönl. Mitteilung.
BLAND, J. H.: Renal glycosuria: A review of the literature and report of 4 cases. Ann. Int. Med. 29, 461 (1948).
BRICK, J. B.: The clinical significance of aminoaciduria. New England. J. Med. 247, 635 (1952).
BRINDLE, H. R., and W. G. HERMAN: Diffuse calcific deposit outlining the kidney lobules associated with parathyroid adenoma. Amer. J. Roentgenol. 41, 601 (1939).
BUTLER, A. M., J. L. WILSON and S. FARBER: Dehydration and acidosis with calcification at renal tubules. J. of Pediatr. 8, 489 (1936).
CARRÉ, I. J., B. S. B. WOOD and W. C. SMALLWOOD: Idiopathic renal acidosis in infancy. Arch. Dis. Childh. 29, 326 (1954).
CLAY, R. D., E. M. DARMADY and M. HAWKINS: The nature of the renal lesion in the Fanconi syndrome. J. of. Path. 65, 551 (1953).
COOKE, W. T., J. A. BARCLAY, A. D. T. GOVAN and L. NAGLEY: Osteoporosis associated with low serum phosphorus and renal glycosuria. Arch. Int. Med. 80, 147 (1947).
COOPER, A. M., R. D. ECKHARDT, W. W. FALOON and Ch. S. DAVIDSON: Investigation of the aminoaciduria in Wilson's disease (hepato-lenticular degeneration): demonstration of the defect in renal function. J. Clin. Invest. 29, 265 (1950).
DEBRÉ, R., J. MARIE, F. CLÉRET et R. MESSIMY: Rachitisme tardit coexistent avec une néphrite chronique et une glycosurie. Arch. méd. Enf. 37, 597 (1934).
DENNIG, H.: Zit. nach H. W. BANSI.
DENT, C. E.: [1] Rickets and osteomalacia from renal tubule defects. Brit. J. Bone Joint Surg. 34, 266 (1952).
— [2] A study of the behaviour of some sixty amino acids and other ninhydrinreacting substances on phenol-"collidine" filter chromatograms, with notes as to the occurence of some of them in biological fluids. Biochemic. J. 43, 169 (1948).
— [3] The amino-aciduria in Fanconi syndrome. A study making extensive use of techniques based on paper partition chromatography. Biochemic. J. 41, 240 (1947).
— and C. J. HODSON: [1] Radiological changes associated with certain metabolic bone diseases. Brit. J. Radiol. 27, 605 (1954).
— and H. HARRIS: [2] The genetics of "cystinuria". Ann. of Eugen. 16, 60 (1951).
DOXIADES, S. A.: Idiopathic renal acidosis in infancy. Arch. Dis. Childh. 27, 409 (1952).
DRAGSTED, P. J., u. H. HJORTH: Fanconi's Syndrome. Acta med. scand. (Stockh.) 146, 317 (1953).
EDEIKEN, L., and N. G. SCHNEEBERG: Multiple spontaneous idiopathic symmetrical fractures. Milkmans syndrome. J. Amer. Med. Assoc. 122, 865 (1943).

Eger, W.: [1] Ein Beitrag über die Beziehungen der chronischen Niereninsuffizienz zu innersekretorischen Drüsen an Hand experimenteller Untersuchungen. Klin. Wschr. **1953**, 409.
— [2] Über den nephrogenen Hyperparathyreoidismus. Medizinische **1952**, 1120.
— [3] Skelettsystem, Epithelkörperchen und Vitamin D. Dtsch. med. Wschr. **1949**, 303.
Engle, Ralph L. jr., and Lila A. Wallis: Multiple Myeloma and the Adult Fanconi Syndrome. I. Report of a Case with Crystallike Deposits in the Tumor Cells and in the Epithelial Cells of the Kidney. The Adult Fanconi Syndrome II: Review of Eighteen Cases. Amer. J. Med. **22**, 5—23 (1957).
Fahr, Th.: Zit. nach G. Monasterio [1].
Fanconi, G.: [1] Zur Pathologie der Parathyreoidea und des Calcium- und Phosphatstoffwechsels. Dtsch. med. Wschr. **1953**, 85.
— [2] Von der nosologischen zur funktionellen Betrachtungsweise der Nephropathien. Schweiz. med. Wschr. **1952**, 404.
— [3] Über chronische Störungen des Calcium- und Phosphatstoffwechsels im Kindesalter. Schweiz. med. Wschr. **1951**, 908.
— [4] Neue Aspekte der Nierenpathologie. Schweiz. med. Wschr. **1950**, 757.
— [5] Der frühinfantile nephrotisch-glykosurische Zwergwuchs mit hypophosphatämischer Rachitis. Jb. Kinderheilk. **147**, 299 (1936).
— [6] Der nephrotisch-glykosurische Zwergwuchs und hypophosphatämische Rachitis. Dtsch. med. Wschr. **1936**, 1169.
— A. Wallgren: [1] Lehrbuch der Pädiatrie, 3. Aufl. Basel: Benno Schwabe & Co. 1954.
— u. H. Bickel: [2] Zit. nach H. Bickel u. Mitarb.
Freudenberg, E.: Weitere Beobachtungen zur Frage der „Cystinosis". Ann. paediatr. (Basel) **182**, 85 (1954).
Gomori, G.: Zit. nach J. M. Stowers and C. E. Dent.
Govaerts, P.: Le diabète rénal. Acta gastro-enterol. belg. **12**, 531 (1949).
Govan, A. D. T.: Nephrocalcinosis associated with hyperchloraemic and low plasma-bicarbonate. Quart. J. Med. (N. S.) **19**, 277 (1950).
Hamperl, H., u. K. Wallis: Über renalen Zwergwuchs ohne und mit (renaler) Rachitis. Erg. inn. Med. **45**, 587 (1933).
Hannon, R. R., S. H. Liu, K. J. Chu, S. H. Wang, K. C. Chen and S. K. Chou: Zit. nach F. Albright u. C. E. Reifenstein jr. [1].
Harrison, H. E., and H. C. Harrison: [1] Experimental production of renal glycosuria, phosphaturia and aminoaciduria by injection of maleic acid. Science (Lancaster, Pa.) **120**, 606 (1954).
— — [2] The effect of acidosis upon the renal tubular reabsorption of phosphate. Amer. J. Physiol. **134**, 781 (1941).
Hartmann, A. F.: Clinical studies in acidosis and alkalosis: Use and abuse of alkali in states of bicarbonate deficiency due to renal acidosis and sulfonanilamide alkalosis. Ann. Int. Med. **13**, 940 (1939).
Hellendall, H.: Hereditäre Schrumpfniere im frühen Kindesalter. Arch. Kinderheilk. **22**, 61 (1897).
Hellström, J.: [1] Weitere Beobachtungen zur Prognose und Diagnose beim Hyperparathyreoidismus. Acta chir. scand. (Stockh.) **105**, 122 (1953).
— [2] Primary hyperparathyroidism. Acta endocrinol. (Copenh.) **16**, 30 (1954).
— [3] Hyperparathyroidism. Nord. Med. **45**, 263 (1951).
— [4] Clinical experiences of twenty-one cases of hyperparathyroidism with special reference to the prognosis following parathyroidectomy. Acta chir. scand. (Stockh.) **100**, 391 (1950).
Hiltemann, H., F. Kuhlencordt u. H. Wenderoth: Generalisierte Knochenerkrankung mit Funktionsstörungen im Tubulussystem der Niere. Dtsch. Arch. klin. Med. **199**, 538 (1952).
Holthausen, H.-J.: Zweck und Ergebnisse von Calcium- und Phosphorbilanzen bei 2 seltenen Fällen von Osteoporose. Diss. Hamburg 1956.
Howard, J. E.: Metabolism of calcium and phosphorus in bone. Bull. New York Acad. Med. **27**, 24 (1951).
Huldschinsky, K.: Heilung der Rachitis durch künstliche Heliotherapie. Dtsch. med. Wschr. **1919**, 712.
Hunter, D.: Studies in calcium and phosphorus metabolism in generalized diseases of bones. Proc. Roy. Soc. Med. **28**, 1619 (1935).
Jackson, W. P. U., and G. C. Linder: Innate functional defects of the renal tubules with particular reference to the Fanconi Syndrome. Cases with retinitis pigmentosa. Quart. J. Med. (N.S.) **22**, 133 (1953).
Jolliffe, N. J. A., J. A. Shannon and H. W. Smith: The excretion of urine in the dog. III. The use of non-metabolized sugars in the measurement of the glomerular filtrate. Amer. J. Physiol. **100**, 301 (1932).

Joslin, E. P., H. F. Root, P. White and A. Marble: The Treatment of Diabetes Mellitus 9th Ed. Philadelphia: Lea & Febiger 1952.
Kaufmann, E.: Lehrbuch der speziellen pathologischen Anatomie; 7. u. 8. Aufl. Berlin: Walter de Gruyter & Co. 1922.
Klingmüller, V., F. Kuhlencordt, H. Bockendahl u. J.-G. Rausch-Stroomann: Untersuchungen der Säure-Basenregulation bei Fällen mit renaler Acidose. (In Vorbereitung).
Krebs, H. A.: Neuere Entwicklungen auf dem Gebiet der Patho-Physiologie der Niere. Verh. dtsch. Ges. inn. Med. 58. Kongr. 1952, 113—125.
Kuhlencordt, F.: [1] Osteopathie mit renaler Glucosurie und Aminoacidurie. Vortrag 37. Tg. Nordwestdtsch. Ges. inn. Med. Greifswald 1951.
— [2] Diskussionsbem. 41. Tag. Nordwestdtsch. Ges. Inn. Med. Kiel 1953.
— [3] Zum sog. Fanconi-Syndrom bei Erwachsenen. Vortrag 62. Tg. Dtsch. Ges. inn. Med. Wiesbaden 1956.
Kyle, L. H., W. H. Meroney and M. E. Freeman: [1] Study of the mechanism of bone disease in hypophosphatemic glycosuric osteomalacia. J. Clin. Endocrin. 14, 365 (1954).
— [2] Studies regarding the mechanism of bone disease in the de Toni-Fanconi-Syndrome. J. Clin. Endocrin. 12, 927 (1952).
Lambert, P.-P., et C. de Heinzelin de Braucourt: [1] Syndrome de Fanconi. Un cas chez l'adulte. Acta clin. belg. 6, 13 (1951).
— E. van Kessel et C. Leplat: [2] Etude sur l'élimination des phosphates inorganiques chez l'homme. Acta med. scand. (Stockh.) 128, 386 (1947).
Latner, A. L., and E. D. Burnard: Idiopathic hyperchloraemic renal acidosis of infants (nephrocalcinosis infantum). Observations on the site and nature of the lesion. Quart. J. Med. 19, 285; 301 (1950).
Liebig, H.: Zit. nach H. Bartelheimer [2].
Lièvre, J.-A., H. Bloch-Michel, R. Sassier et H. Solignac: Le diabète rénal phosphoglucidique (ostéoporose avec diabète rénal chez d'adulte). Bull. Soc. méd. Hôp. Paris No. 22/23 (1948).
Lightwood, R.: Calcium infarction of kidneys in infants. Arch. Dis. Childh. 10, 205 (1935).
— W. W. Payne and J. A. Black: Infantile renal acidosis. Pediatrics 12, 628 (1953).
Lignac, G. O. E.: Über Störung des Cystinstoffwechsels bei Kindern. Dtsch. Arch. klin. Med. 145, 139 (1924).
Linder, G. C., G. M. Bull and I. Grayce: [1] Hypophosphataemic glycosuric rickets (Fanconi-Syndrome). I. A study of the acid-base balance and amino-acid excretion. Report of a case with retinitis pigmentosa. Clin. Proc. 8, 1 (1949).
— and D. G. M. Vadas: [2] Calcium and phosphorus metabolism in late rickets. Lancet 1931/II, 1124.
Lipmann, F.: Zit,. nach E. Freudenberg.
Liu, S. H., R. R. Hannon, H. J. Chu, K. C. Chen, S. K. Chou and S. H. Wang: Zit. nach F. Albright u. E. C. Reifenstein jr. [1].
Longley, J. B.: Alkaline phosphatase in kidneys of aglomerular fish. Science (Lancaster, Pa.) 123, 142 (1956).
Looser, E.: [1] Über Spätrachitis und Osteomalacie. Klinische, röntgenologische und pathologisch-anatomische Untersuchungen. Dtsch. Z. Chir. 152, 210 (1920).
— [2] Über pathologische Formen von Infraktionen und Callusbildungen bei Rachitis und Osteomalacie und anderen Knochenerkrankungen. Zbl. Chir. 47, 1470 (1920).
Lowe, K. G., G. Moodie and M. B. Thomson: Glycosuria in acute tubular necrosis. Clin. Sci. 13, 187 (1954).
Lundbaek, K.: Renal Anacidogenesis. Lancet 1951 II, 419.
Lundsgaard, E.: Zit. nach L. Ström.
Marble, A., E. P. Joslin, L. J. Dublin and H. H. Marks: Zit. nach H. Robbers u. K. Rümelin:
Marsh, J. B., D. L. Drabkin and W. B. Goddard: Kidney phosphatase in alimentary hyperglycemia and phlorizin. A dynamic mechanism for renal threshold for glucose. J. of Biol. Chem. 168, 61 (1947).
Marshall, A. E. K.: Zit. nach H. A. Wilmer.
Maxwell, J. P.: Further studies in osteomalacia. Proc. Roy. Soc. Med. 23, 639 (1930).
McCollum, E. V., N. Simmonds, P. G. Shipley and E. A. Park: [1] Zit. nach J. E. Howard.
— — — — [2] Proc. Soc. Exper. Biol. a. Med. 18, 275 (1921); s. H. Zellweger u. W. H. Adolph, Handbuch der inneren Medizin VI/2 (4. Aufl.). Berlin-Göttingen-Heidelberg: Springer-Verlag 1954.
McCune, D. J., H. H. Mason and H. T. Clarke: Intractable hypophosphatemic rickets with renal glycosuria and acidosis (the Fanconi-Syndrome). Amer. J. Dis. Childr. 65, 81 (1943).
McKee, F. W., and W. B. Hawkins: Phlorizin glucosuria. Physiologic. Rev. 25, 255 (1945).

Mellanby, E.: An experimental investigation of rickets. Lancet **1919** I, 407.
Menten, M. L., J. Junge and M. H. Green: Zit. nach J. M. Stowers u. C. E. Dent.
Milkman, L. A.: [1] Multiple spontaneous idiopathic symmetrical fractures. Amer. J. Roentgenol. **32**, 622 (1934).
— [2] Pseudofractures (hunger osteopathy, late rickets, asteomalacia). Report of case. Amer. J. Roentgenol. **24**, 29 (1930).
Milne, M. D., S. W. Stanbury and A. E. Thomson: Observations on the Fanconi syndrome and renal hyperchloraemic acidosis in the adult. Quart. J. Med. (N. S.) **21**, 61 (1952).
Monasterio, G.: [1] Sur le diabète rénal. Schweiz. med. Wschr. **1954**, 651.
— [2] La tubulodisplasia glicosurica e la sistemazione nosografica delle nefropatie mediche. Min. med. (Torino) **1953** II, 1969; ref. Kongreßbl. **155**, 207 (1954/55).
Myerson, R. M., and B. H. Pastor: The Fanconi-Syndrome and its clinical variants. Amer. J. Med. Sci. **228**, 378 (1954).
Nielsen, A. L.: On the mechanism of glycosuria. Acta med. scand. (Stockh.) **130**, 219 (1948).
Nowell, St., P. R. C. Evans and J. Kurrein: Multiple spontaneous "pseudofractures" of bone (Milkman's syndrome). Brit. Med. J. **1951** II, 91.
Payne, W. W.: Case report: Nephrocalcinosis associated with hyperchloraemic acidosis. Proc. Roy. Soc. Med. **39**, 133 (1946).
Pines, K. L., and G. H. Mudge: Renal tubular acidosis with osteomalacia. Report of three cases. Amer. J. Med. **11**, 302 (1951).
Pitts, R. F.: [1] Über aktive Transportmechanismen in den Tubuli der Niere. Klin. Wschr. **1955**, 365.
— [2] Die renale Rückresorption und Ausscheidung von Bicarbonat; In: 3. Freiburger Symposion (Pathologische Physiologie und Klinik der Nierensekretion) Freiburg, Juni 1954. Berlin-Göttingen-Heidelberg: Springer-Verlag 1955.
— [3] Modern conceps of acid-base regulation. Arch. Int. Med. **89**, 864 (1952).
— [4] The excretion of urine in the dog VII. Inorganic phosphate in relation to plasma phosphate level. Amer. J. Physiol. **106**, 1 (1933).
Pitts, R. F., and R. S. Alexander: [1] Nature of renal tubular mechanism for acidifying urine. Amer. J. Physiol. **144**, 239 (1945).
— — [2] The renal reabsorptive mechanism for inorganic phosphate in normal and acidotic dogs. Amer. J. Physiol. **142**, 648 (1944).
— J. L. Ayer and W. A. Schiess: [3] Renal regulation of acid-base balance in infants and men. III. Reabsorption and excretion of bicarbonate. J. Clin. Invest. **28**, 35 (1949).
— W. D. Lotspech, W. A. Schiess and J. L. Ayer: [4] The renal regulation of acid-base balance in man. J. Clin. Invest. **27**, 48; 57 (1948).
Reubi, F.: [1] Examen histologique du rein par poctionsbiopsie dans un cas de diabète rénal. J. Suisse Méd. **84** (Suppl. 2, S. 91) (1954).
— [2] Recherches sur le diabète rénal. Helvet. med. Acta **18**, 69 (1951).
Richards, A. N.: [1] Process of urine formation. Proc. Roy. Soc. (B I) **26**, 398 (1938).
— and A. M. Walker: [2] Zit. nach H. W. Smith, The kidney.
Robbers, H.: Der renale Diabetes, Klinik der Zuckerausscheidung bei normalem Blutzucker. Stuttgart: Wiss. Verlagsges. 1940.
— and K. Rümelin: Verlauf und Prognose des renalen Diabetes. Eine Nachuntersuchung an 60 Fällen. Dtsch. Arch. klin. Med. **200**, 398 (1953).
Salassa, R. M., M. H. Power, J. A. Ulrich and A. B. Hayles: Observations on the metabolic effects of Vitamin D in Fanconi's syndrome. Proc. Staff Meet. Mayo Clin. **29**, 214 (1954).
Saville, P. D., R. Nassim, F. H. Stevenson, L. Mulligan and M. Carey: The Fanconi Syndrome. J. Bone Joint Surg. **37**, 529 (1955).
Sirota, J., D. Hamerman and E. E. Jaffe: Renal function studies in an adult subject with the Fanconi syndrome. Amer. J. Med. **16**, 138 (1954).
Slyke, D. D. van: Zit. nach H. W. Smith: The kidney.
Smith, H. W.: The Kidney. Structure and function in health and disease. Oxford Univ. Press. New York: 1951.
— W. Goldring, H. Chasis, H. A. Ranges and S. E. Bradley: Zit. nach H. W. Smith: The kidney.
Smith, L. W., and G. E. Schreiner: Studies on renal hyperchloremic acidosis. J. Labor. a. Clin. Med. **43**, 347 (1954).
Smith, P. K., R. W. Ollayos and A. W. Winkler: Tubular resorption of phosphate in the dog. J. Clin. Invest. **22**, 143 (1943).
Spencer, A. G., and G. T. Franglen: Zit. nach V. K. Wilson, M. L. Thomson, C. E. Dent.
Schaaf, M., and L. H. Kyle: Measurement of per cent renal phosphorus reabsorption in the diagnosis of hyperparathyroidism. Amer. J. Med. Sci. **228**, 262 (1954).

SCHIER, A., u. A. STERN: Über einen Fall von unheilbarer Rachitis. Arch. Kinderheilk. **78**, 176 (1926).
SCHOEN, R., u. W. TISCHENDORF: Krankheiten der Knochen, Gelenke und Muskeln. Handbuch der inneren Medizin VI/1 (4. Aufl.) Berlin-Göttingen-Heidelberg: Springer-Verlag 1954.
SCHREINER, G. E., L. H. SMITH jr. and L. H. KYLE: Renal hyperchloremic acidosis. Familial occurrence of nephrocalcinosis with hyperchloremia and low serum bicarbonate. Amer. J. Med. **15**, 122 (1953).
STAPLETON, T.: Idiopathic renal acidosis. Lancet 1941 I, 683.
STOWERS, J. M., and C. E. DENT: Studies on the mechanism of the Fanconi Syndrome. Quart. J. Med. (N. S.) **16**, 275 (1947).
STRÖM, L.: Studies of the renal excretion of P^{22} in infancy and childhood. Acta paediatr. (Stockh.) **40** (Suppl. 82) (1951).
THOMAS, H. M., and H. SOUTHWARD: Zit. nach J. H. BLAND.
UEHLINGER, E.: [1] D-Avitaminose und renale Osteomalacie. Schweiz. med. Wschr. 1955, 521.
— [2] Renale Osteodystrophia fibrosa und renale Osteomalacie. Schweiz. Z. allg. Path. **16**, 997 (1953).
— [3] Nieren, Skelett und Calciumstoffwechsel. Wien. klin. Wschr. 1949, 417.
UZMAN, L., and B. HOOD: Familial nature of amino-aciduria of Wilson's disease (hepatolenticular degeneration). Amer. J. Med. Sci. **223**, 392 (1952).
VOEGTLIN, C., and H. C. HODGE: Zit. nach V. K. WILSON, M. L. THOMSON, C. E. DENT.
WALKER, A. M., and C. L. HUDSON: Zit. nach H. W. SMITH, The kidney.
WILMER, H. A.: Renal phosphatase: The correlation between the functional activity of the renal tubule and its phosphatase content. Arch. of Path. **37**, 227 (1944).
WILSON, V. K., M. L. THOMSON and C. E. DENT: Amino-aciduria in lead poisoning: A case in childhood. Lancet **1953 II**, 66.
WINDAUS, A., u. A. HESS: [1] Nachr. Ges. Wiss. Göttingen, Math.-physik. Kl. **3**, 175 (1926); Zit. nach H. ZELLWEGER u. W. H. ADOLPH, Handbuch der inneren Medizin VI/2 (4. Aufl). Berlin-Göttingen-Heidelberg 1954.
— F. BOCK: [2] Über das Provitamin aus dem Sterin der Schweineschwarte. Z. physiol. Chem. **245**, 168 (1937).
— H. LETTRE u. F. SCHENK: [3] Über das 7-Dehydrocholesterin. Liebigs Ann. **520**, 98 (1935).
WOLLASTON, H. W.: Zit. nach H. BICKEL u. Mitarb.
ZETTERSTRÖM, R., and M. LJUNGGREN: The activation of alkaline phosphatase from different organs by phosphorylated Vitamin D_2. Acta chem. scand. (Copenh.) **5**, 283 (1951).

I. Einleitung

Mit der Normalisierung der Ernährungsverhältnisse der Nachkriegszeit bildeten sich die *exogenen*, alimentär bedingten Skeletkrankheiten zurück, die als sog. *Hungerosteopathien* auch nach dem zweiten Weltkrieg zur Entwicklung gekommen waren, und auf die u. a. BANSI, BARTELHEIMER [1, 3], H. H. BERG, DENNIG hingewiesen haben, und über die zusammenfassend SCHOEN und TISCHENDORF berichteten. In der Klinik stehen damit die vorwiegend *endogenen*, stoffwechselbedingten Osteopathien wieder im Vordergrund, die morphologisch in reiner oder gemischter Form als Osteoporose, Osteomalacie oder als Osteodystrophia fibrosa in Erscheinung treten. Das morphologische Substrat scheint dabei eine verhältnismäßig einförmige Antwort auf die Vielzahl der ätiologischen und pathogenetischen Möglichkeiten zu sein, die heute auch längst noch nicht als gelöst zu betrachten sind.

Sehr eindrucksvoll ist der Fortschritt, der im Verlauf der letzten 3 Jahrzehnte in therapeutischer Hinsicht bei den rachitisch/osteomalacischen Krankheitsbildern erreicht wurde, nachdem durch die klassischen Untersuchungen von MELLANBY die Verhütung der experimentellen Rachitis durch Lebertran und von HULDSCHINSKY die Heilung der Rachitis durch künstliche Heliotherapie gezeigt worden war. Der beschrittene Weg führte in wenigen Jahren zur Trennung des antirachitischen vom antixerophthalmischen Vitamin durch McCOLLUM u. Mitarb. [2] (die ersteres als Vitamin D bezeichneten), zur Erkennung des Ergosterins als

Provitamin D durch WINDAUS und HESS und schließlich zur chemischen Strukturanalyse des Vitamins D_3 durch WINDAUS u. Mitarb. [2, 3].

Unter den rachitischen und osteomalacischen Skeleterkrankungen sind im folgenden nicht die „gewöhnlichen", sondern die selteneren Formen von besonderem Interesse, von denen sich ein Teil durch die Resistenz gegenüber der üblichen Behandlung mit Vitamin D auszuzeichnen scheint, und die unter dem Namen „Vitamin D-resistente Rachitis" bekannt wurden. Hierher gehören die „Cystinspeicherkrankheit mit Aminoacidurie und Zwergwuchs" (Lignac-Fanconi-Erkrankung) und offenbar auch die „hypophosphatämische Osteomalacie mit renaler Glucosurie". Letztere wird jetzt gewöhnlich als „*Fanconi-Syndrom bei Erwachsenen*" bezeichnet, nachdem zuerst STOWERS und DENT (1947) einen derartigen Fall so benannt hatten.

II. Renale Osteopathien

1. Vorwiegend glomerulus- und tubulusbedingte renale Osteopathien

Über den Weg des *primären Hyperparathyreoidismus* können Skeletkrankheiten zu Nierenkrankheiten führen (u. a. ALBRIGHT, BAIRD, COPE und BLOOMBERG [5], BRINDLE und HERMAN, HELLSTRÖM [1, 2, 3, 4], oder umgekehrt können Nierenkrankheiten, wie z. B. chronische Nephritis, Hydronephrose oder Cystenniere Skeletkrankheiten bed ngen (u. a. BARTELHEIMER [2]; EGER [1, 2, 3]). Die letztgenannte Möglichkeit ist bei der sog. *renalen Rachitis/Osteomalacie (renaler Zwergwuchs)* gegeben.

Über die pathogenetischen Beziehungen dieser Krankheitsbilder sind in den letzten Jahren neue Erkenntnisse gewonnen worden. In einer zusammenfassenden Arbeit „Über renalen Zwergwuchs ohne und mit (renaler) Rachitis" haben HAMPERL und WALLIS seinerzeit (1933) den Stand unseres Wissens kritisch beleuchtet. Sie stützten sich dabei auf einen eigenen und auf 68 Fälle von renaler Rachitis aus dem Schrifttum. Von 19 Beobachtungen lagen ausführliche histologische Nierenbeschreibungen vor, die praktisch übereinstimmend den Befunden einer chronischen interstitiellen Nephritis entsprachen, wie sie HELLENDALL (1897) bei einem derartigen Fall zuerst beschrieben haben soll. „Deshalb wollen wir einstweilen, solange die Ätiologie der Nierenerkrankung nicht geklärt ist, dem Beispiel der überwiegenden Mehrzahl der Autoren folgen und ganz unverbindlich von chronisch-interstitieller Nephritis sprechen, womit auch die mophologische Besonderheit dieser Schrumpfniere am besten zum Ausdruck kommt" (HAMPERL und WALLIS). Die Autoren kamen zu dem Schluß, „daß in der überwiegenden Mehrzahl der Fälle von sicherer renaler Rachitis eine eigentümliche *Schrumpfniere von unbekannter Ätiologie* gefunden wird, die sich von anderen, uns bisher bekannten Schrumpfnieren unterscheiden läßt und die man in dem oben angegebenen Sinne sehr wohl als chronisch-interstitielle Nephritis bezeichnen kann". Bei entsprechenden makroskopischen Veränderungen ließ sich histologisch eine starke interstitielle Bindegewebsvermehrung mit Lymphocyteninfiltrationen nachweisen. „Nur wenige Glomeruli" — so führen HAMPERL und WALLIS aus — „zeigen normale Größe. Die meisten sind kleiner als normal und werden je nach dem Grade der Verkleinerung von den erwähnten mehr oder minder dicken, konzentrischen Bindegewebslagen umschlossen. — Häufig trifft man auch vollkommen verödete und zu kleinen, hyalin fibrösen Kugeln umgewandelte Glomeruli. — Die Tubulusepithelien sind zum größten Teil unverändert".

Klinische, pathologisch-anatomische und experimentelle Untersuchungen haben diese zunächst undurchsichtigen pathogenetischen Beziehungen weiter geklärt. Für die sog. *renale Rachitis/Osteomalacie* postulieren ALBRIGHT, BURNETT,

PARSON, REIFENSTEIN und ROOS [2] glomeruläre und tubuläre Nierenfunktionsstörungen (Abb. 1).
Der Anstieg von Reststickstoff, anorganischem Phosphat und Säuren (Sulfate) im Serum ist danach Ausdruck einer glomerulären Insuffizienz. Der vermehrte Gehalt an Säuren im Blut bedingt bei einem Versagen des „Basen-sparenden Mechanismus" der Niere einen Abfall der Alkalireserve des Blutes, so daß die Niere bei ihrer Säureausscheidung vermehrt Calcium als Base benutzen muß. Die auf diese Weise erzeugte Hypercalciurie habe eine Hypocalcämie zur Folge, die dann zur gesteigerten Nebenschilddrüsentätigkeit Veranlassung geben soll. ALBRIGHT

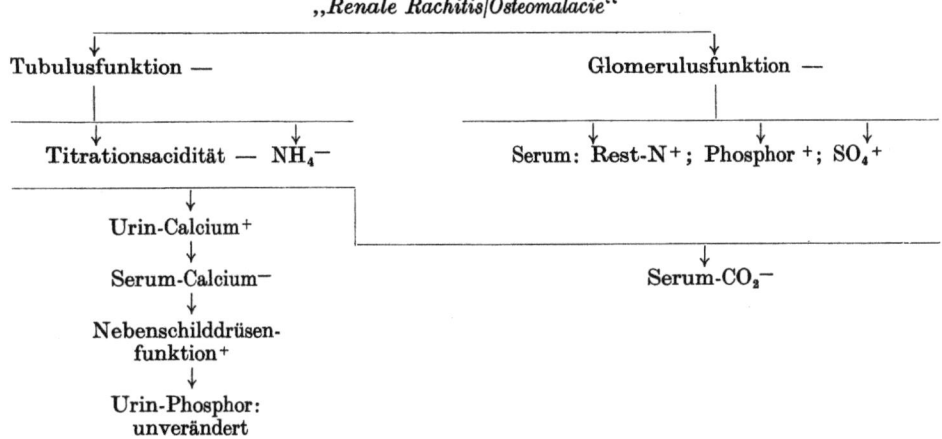

Abb. 1. Folgen der gestörten Homöostase bei „renaler Rachitis/Osteomalacie"
Vermehrung und Verminderung: + bzw. —[nach ALBRIGHT, BURNETT, PARSON, REIFENSTEIN und ROOS [2] (1946)]

u. Mitarb. [1] sehen in dem so hervorgerufenen *sekundären* Hyperparathyreoidismus die Ursache der morphologischen Skeletveränderungen, die als Osteitis fibrosa generalisata in Erscheinung treten, und sprechen daher statt von renaler Rachitis/Osteomalacie von *renaler Osteitis fibrosa generalisata*. Zu betonen ist, daß ALBRIGHT, DRAKE und SULKOWITCH [4] von der sog. renalen Rachitis/Osteomalacie behaupten, daß diesem Krankheitsbild zwei gänzlich verschiedene Krankheitseinheiten zugrunde liegen. Auf der einen Seite seien es mehr die zerstörenden Veränderungen des Knochenabbaues im Sinne der Osteitis fibrosa generalisata, im anderen Fall, mehr oder minder stark damit kombiniert, Mineralisationsstörungen des neugebildeten osteoiden Gewebes, so daß auch Veränderungen wie bei Rachitis und Osteomalacie auftreten können. Die erstgenannten Skeletbefunde werden auf ein glomeruläres und die letztgenannten auf ein tubuläres Versagen bezogen. Je nach dem Entwicklungsgrad der Nierenerkrankung sind nun relativ reine oder gemischte morphologische Substrate der beschriebenen Art im Skelet anzutreffen. Von dieser u. a. mit Reststickstoff-Steigerung einhergehenden *hyperphosphatämischen* sog. *renalen Rachitis* oder *Osteomalacie* ist die eigentliche Rachitis bzw. Osteomalacie *hypophosphatämischer* Natur abgegrenzt worden. Wir möchten nochmals auf den prinzipiellen Unterschied dieser beiden Formen hinweisen. Die mit Hyperphosphatämie einhergehenden Skeletkrankheiten sollen hier jedoch nicht weiter interessieren, denn deren Prognose wird von dem zugrunde liegenden Nierenprozeß mit der gestörten Ausscheidungsfunktion harnpflichtiger Substanzen entschieden. Diese Fälle sind vom Skelet her gesehen mehr von theoretischem als von praktischem Interesse, da eine auf das Skelet gerichtete Behandlung wenig sinnvoll erscheint.

2. Vorwiegend tubulus-bedingte renale Osteopathien

Auf dem Gebiet der Skeleterkrankungen haben sich — wie dies bereits angedeutet wurde — in den letzten Jahren neue Gesichtspunkte ergeben, als das *Tubulussystem* der Niere mehr in die pathogenetischen Überlegungen einbezogen wurde. Die Theorie der glomerulotubulären Arbeitsweise der Niere im Sinne der glomerulären Filtrations- und der tubulären Rückresorptions- und Sekretionsvorgänge hat bedeutende Fragen der Regulation des Elektrolyt- und Wasserhaushaltes, des Säure-Basen-Gleichgewichtes, des Mineralstoffwechsels, des Aminosäurestoffwechsels u. a. in einem neuen Licht erscheinen lassen. Die heutigen Vorstellungen über die Tätigkeit der Niere basieren vor allem auf den Forschungsergebnissen von RICHARDS [1, 2] und seinen Mitarbeitern, die bei Amphibien Mikropunktionen des Bowmannschen Kapselraumes vornahmen und auch verschiedene Tubulusgebiete untersuchten, um den Harn in den betreffenden Abschnitten in seiner Zusammensetzung zu analysieren. RICHARDS [1, 2] konnte so nachweisen, daß es sich bei dem Primärharn in der Bowmannschen Kapsel um ein Ultrafiltrat des Plasmas handelt. Mikropunktionen wurden später von WALKER u. Mitarb. an der Niere von Säugern durchgeführt; dadurch wurden die von RICHARDS bei Amphibien gewonnenen Ergebnisse auch bei Säugern bestätigt.

Die heutigen Clearance-Methoden, die u. a. auf VAN SLYKE zurückgehen, stützen sich auf die Filtrations-, Rückresorptions- und Sekretionstheorie. Zahlreiche selektive Nierenfunktionen sind inzwischen bestimmten Tubulusabschnitten — zumeist sind es jedoch noch Hypothesen — zugeordnet worden. In der Klinik wird bereits eine Anzahl von Krankheitsformen unterschieden, die durch den Ausfall einer einzelnen oder durch das Versagen mehrerer Tubulusfunktionen bedingt sein sollen. Da es nun zahlreiche Tubulusfunktionen gibt, ist die Häufigkeit bereits beschriebener Funktionsstörungen, die bei dem Auftreten mehrfacher Einzelstörungen zu Syndromen zusammengefaßt wurden, verständlich (FANCONI [2, 4]; DENT [1] u. a.). FANCONI [4] hat in einer schematischen Darstellung des Nephrons und seiner Partialfunktionen (Abb. 2) die nachstehenden Krankheiten auf die folgenden Tubulusabschnitte bezogen:

1. Die renale Glucosurie, die Hyperphosphaturie (sog. Phosphat-Diabetes), den Pseudohypoparathyreoidismus und die chronische Aminoacidurie *auf den proximalen Anteil.*

2. Die renal bedingten Salzmangelzustände, den sog. Diabetes salinus, *auf das Gebiet der Henleschen Schleifen.*

3. Das Crush-Syndrom und die Anacidogenese (Lightwood-Albright-Syndrom) *auf das distale Tubulusgebiet.* Dabei wurde das Crush-Syndrom als akute und die Anacidogenese als chronische Form einer distalen Tubulusstörung betrachtet.

Zuerst war es FANCONI [5, 6], der die Vermutung einer Tubulusfunktionsstörung bei einer besonderen Form der Rachitis geäußert hat, die seinen Namen trägt und die unter den Bezeichnungen Fanconi-Syndrom, Debré-de Toni-Fanconi-Syndrom bekannt wurde, und die neuerdings von H. BICKEL u. Mitarb. Lignac-Fanconische-Erkrankung genannt wird. Wie das Fanconi-Syndrom ist auch das Lightwood-Albright-Syndrom bestimmten Tubulusabschnitten zugeordnet worden, und zwar ersteres den proximalen, letzteres den distalen Tubulusabschnitten.

Betrachten wir hier noch kurz aus Gründen der Übersichtlichkeit die ätiologische Einteilung der Osteomalacie, wie sie ALBRIGHT und REIFENSTEIN [1] für USA angegeben haben, die folgende Gruppen unterscheidet:

I. *Vitamin D-Mangel*
    a) ,,Einfacher" Vitamin D-Mangel
    b) Resistenz gegenüber Vitamin D
    c) Steatorrhoe

II. *Renale Acidose*
   a) Tubuläre Insuffizienz ohne glomeruläre Insuffizienz
   b) Fanconi-Syndrom.
III. *Idiopathische Hypercalciurie.*

Für die Entwicklung der Osteomalacie kommt nach allgemeiner Ansicht auch für Europa der Steatorrhoe die größte Bedeutung zu (Gruppe I c). Dabei wird

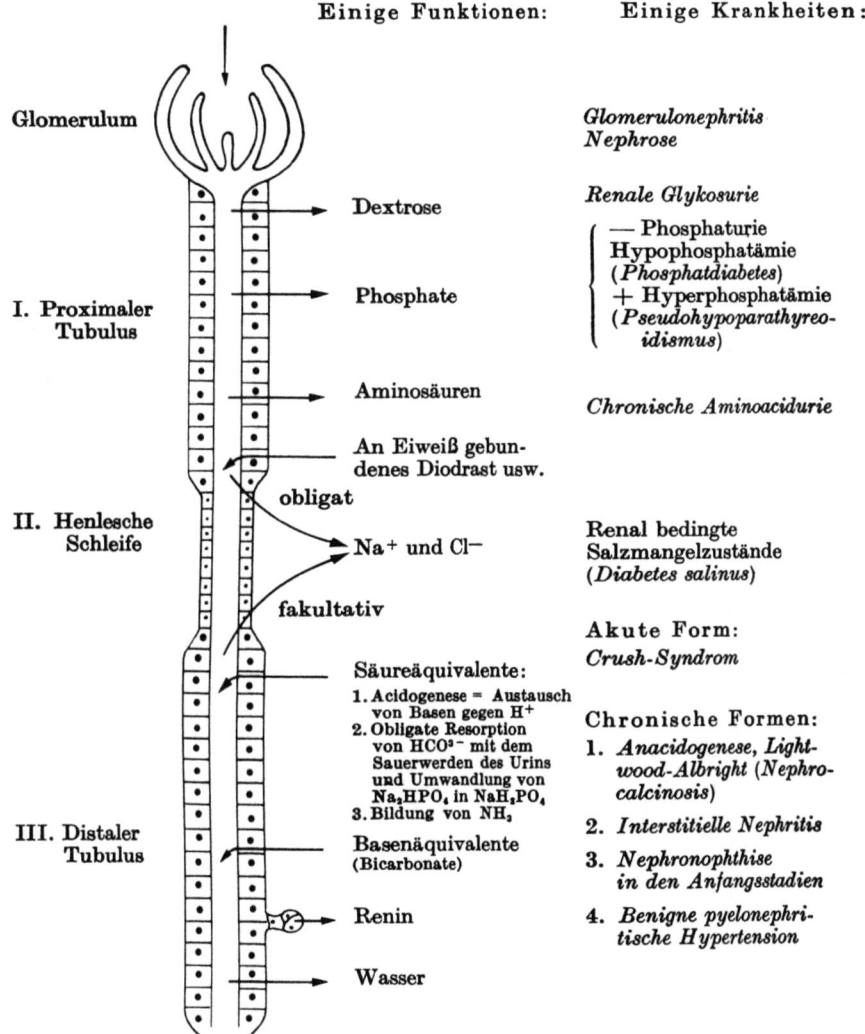

Abb. 2. Schematische Darstellung des Nephrons und einiger seiner Funktionen und Krankheiten (nach FANCONI). Aus: FANCONI und WALLGREN[1]. Lehrbuch der Pädiatrie, 3. Aufl. Benno Schwabe & Co., Basel, 1954

gewöhnlich außer dem Vitamin D-Mangel auch ein Mangel an anderen fettlöslichen Vitaminen beobachtet. Ein „einfacher" Vitamin D-Mangel (I a der Einteilung) als Ursache einer Osteomalacie dürfte bei uns ebensowenig wie in den USA vorkommen. Dagegen scheint er früher in China eine Bedeutung gehabt zu haben (MAXWELL; HANNON u. Mitarb.; LIU u. Mitarb.). Der Beweis, daß es vorwiegend ein

Vitamin D-Mangel war, wurde u. a. damit geführt, daß schon auf geringe Vitamin-D-Dosen ein eindeutiger therapeutischer Effekt erzielt wurde (MAXWELL).

In der vorliegenden Arbeit sind die unter II der Albrightschen Einteilung aufgeführten Osteomalacien, die dort unter dem Begriff der renalen Acidosen subsumiert sind, jetzt eingehender zu betrachten, um dadurch den Ausgangspunkt für die Beurteilung des dargestellten Krankheitsbildes zu gewinnen.

a) Lightwood-Albright-Syndrom

Die „tubuläre Insuffizienz ohne glomeruläre Insuffizienz" (ALBRIGHT, BURNETT, PARSON, REIFENSTEIN und ROOS [2]) wurde in der Literatur unter verschiedenen Namen mitgeteilt, die nicht ohne weiteres vermuten lassen, daß es sich dabei, wenn auch gewisse Abweichungen im Einzelfall bestehen mögen, doch um den gleichen Krankheitsprozeß handelt (s. auch Abb. 2). Diese und andere Bezeichnungen werden benutzt: Nephrocalcinose mit Rachitis und Zwergwuchs (ALBRIGHT, CONSOLAZIO, COOMBS, SULKOWITCH und TALBOTT [3]), Nephrocalcinose mit hyperchlorämischer Acidose (PAYNE), idiopathische renale Acidose (STAPLETON), renale Acidose (HARTMANN), idiopathische hyperchlorämische renale Acidose (LATNER und BURNARD), renale Anacidogenese (LUNDBAEK), renale tubuläre Acidose mit Osteomalacie (PINES und MUDGE), infantile renale Acidose (LIGHTWOOD, PAYNE und BLACK) und Lightwood-Albright- oder Butler-Albright-Syndrom.

Die ersten Beobachtungen derartiger Krankheitsbilder gehen auf LIGHTWOOD (1935) zurück, der unter 850 Obduktionen am „Hospital for Sick Children" in London 6 Fälle sammeln konnte, die makroskopisch mehr oder minder ausgeprägte Verkalkungen der Niere zeigten, die von der Rindenmarkgrenze zur Pyramidenspitze reichten, und die histologisch vorwiegend den Sammelröhren zuzuordnen waren. Diese Kinder starben zwischen dem 5. und 11. Lebensmonat an interkurrenten Infektionen. Das klinische Bild war durch mangelhaftes Gedeihen, Anorexie, Obstipation und bei einem Teil auch durch Erbrechen charakterisiert. Da diese Kinder nicht mit übermäßigen Dosen Vitamin D behandelt waren, kam eine Vitamin D-Intoxikation ätiologisch nicht in Frage. Über 4 entsprechende Beobachtungen berichteten im folgenden Jahr BUTLER, WILSON und FARBER. Ihr jüngster Fall war bei der Aufnahme ins Krankenhaus 2 Wochen alt. Auch diese Kinder starben und hatten gleichartige pathologisch-anatomische Befunde. Die letztgenannten Autoren lieferten damit einen wichtigen Beitrag, daß sie die begleitende Acidose und Hyperchlorämie erkannten. Von HARTMANN wurde bei einer derartigen Beobachtung festgestellt, daß die Acidose auf die Unfähigkeit der renalen Säureausscheidung (alkalischer Harn) zu beziehen ist. Inzwischen liegt bereits eine große Zahl von Veröffentlichungen auf diesem Gebiete vor. So berichteten kürzlich DOXIADES allein über 9 Fälle, LIGHTWOOD, PAYNE und BLACK über 35 Fälle, die sie zwischen 1946 und 1952 beobachtet hatten, und CARRÉ, WOOD und SMALLWOOD über 17 Fälle. Zumeist waren es Kinder im Säuglingsalter. Dieses Krankheitsbild ist aber — das muß besonders betont werden — auch bereits bei älteren Kindern und Erwachsenen beschrieben worden. So haben ALBRIGHT, CONSOLAZIO, COOMBS, SULKOWITCH und TALBOTT [3] diese Erkrankung bei einem 13 Jahre alten Mädchen beobachten können, das dabei eine Nephrocalcinose und eine Rachitis mit Zwergwuchs bot. BAINES, BARCLAY und COOKE haben 1945 über eine 29jährige Frau berichtet, die wiederholt Nierenkoliken hatte, über schon jahrelang bestehenden Durst klagte, röntgenologisch eine Nephrocalcinose aufwies und an weiteren Befunden u. a. eine Polyurie und eine hyperchlorämische Acidose zeigte. Dabei war der Urin alkalisch. Diese Frau ist später gestorben; ihr Tod wurde in einen möglichen Zusammenhang mit einer Sulfathiacol-Medikation gebracht. Histologisch konnten Verkalkungen vorzugsweise in den Pyramiden und im Nierenbecken nachgewiesen werden. Weder ergab sich für eine Glomerulonephritis noch für eine Gefäßerkrankung ein Anhalt. Später hat GOVAN eine eingehende histologische Nierenbeschreibung dieses Falles gegeben, in der er außer auf die bereits genannten Befunde besonders auf Vacuolisierungen im proximalen Tubulusabschnitt hinweist, die als mögliches Substrat des Versagens der Tubulusfunktion betrachtet wurden. ALBRIGHT u. Mitarb. [1] haben eine Theorie der Pathogenese dieses Krankheitsbildes entwickelt (Abb. 3) und die wissenschaftlichen Grundlagen der Therapie erarbeitet. Ihre Aussagen stützen sich auf 7 eigene Fälle, von denen 3 eine Nephrolithiasis und eine Nephrocalcinose, 2 eine Nephrolithiasis ohne Nephrocalcinose und 2 weder eine Nephrolithiasis noch eine Nephrocalcinose geboten haben. Abgesehen von der erwähnten

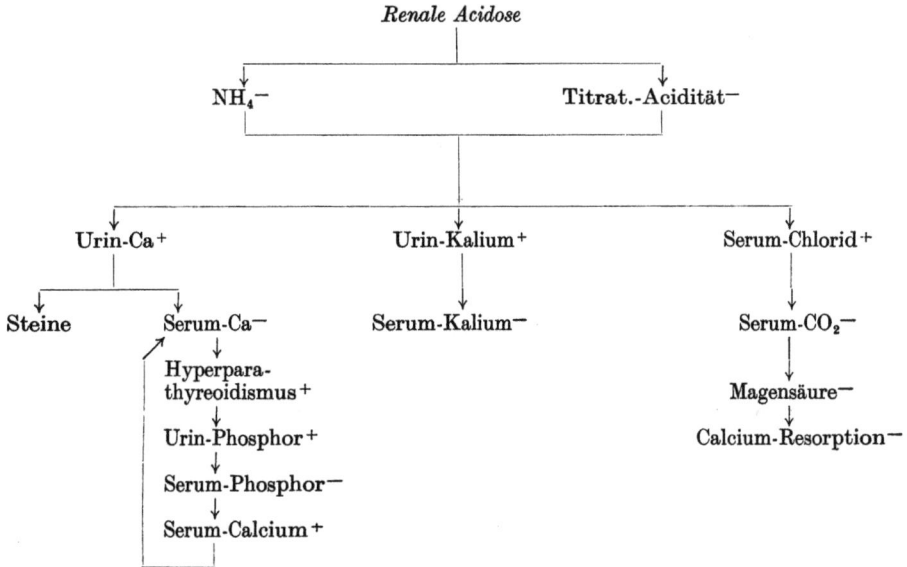

Abb. 3. Folgen der gestörten Homöostase infolge renaler Acidose durch tubuläre Insuffizienz. Vermehrung und Verminderung: + bzw. — [nach ALBRIGHT, BURNETT, PARSON, REIFENSTEIN und ROOS [2] (1946)]

13jährigen Patientin lag das Lebensalter der übrigen 6 Patienten zwischen 17 und 40 Jahren. Wenn keine manifeste Osteomalacie bzw. Rachitis nachzuweisen war, so fanden sich doch entsprechende blutchemische Veränderungen. In den meisten Fällen aber war das Skelet am Krankheitsprozeß beteiligt, zum Teil in erheblicher Weise mit Ausbildung von Pseudofrakturen.

Entsprechend der „renalen Rachitis" (Abb. 1) soll die Störung bei der renalen Acidose („tubuläre Insuffizienz ohne glomeruläre Insuffizienz" (Abb. 3) gleichfalls damit beginnen, daß die Nierentubuli nicht in der Lage sind, Ammoniak zu bilden, noch in der üblichen Weise Säuren auszuscheiden. Letzteres macht sich bemerkbar in einer fehlenden bzw. ungenügenden Titrationsacidität des Harnes. Da dieser basensparende Mechanismus der Niere nicht funktioniert, müssen für die Säureausscheidung der Niere in erhöhtem Maße Kationen benutzt werden, die zu einem Basenverlust führen. Im Serum kommt es dabei zu einem Anstieg der Chloride, zu einem Abfall des Kaliums und zu einem Abfall der Alkalireserve. Über eine Hypocalcämie und Acidose entwickelt sich ein Hyperparathyreoidismus, der zur Hyperphosphaturie und Hypophosphatämie führt. Skeletveränderungen sind die Folge. Konkrementbildung in den Harnwegen kommt dabei vor, evtl. entsteht eine Nephrocalcinose. Die Abnahme der Konzentrationsfähigkeit der Niere wird in Zusammenhang mit der Nephrocalcinose gebracht, wie sie bei fortgeschrittenen Fällen in der Isosthenurie zum Ausdruck kommt, die die Polyurie und Polydipsie erklärt. Rachitische und osteomalacische Knochenveränderungen, die sich oft zu den klinisch führenden Symptomen der Erkrankung entwickeln, werden in ihrer wahren Natur nicht selten erst über die Looserschen Umbauzonen erkannt. Inzwischen haben LATNER und BURNARD nachgewiesen, daß durch eine massive intravenöse Phosphat-Infusion bei derartigen Fällen ein saurer Urin mit entsprechendem Ammoniakgehalt erzeugt werden kann. Diese Autoren haben daraus den Schluß gezogen, daß die zugrunde liegende Anomalie wahrscheinlich in der Unfähigkeit der Nierentubuli zu erblicken ist, das Bicarbonat im proximalen

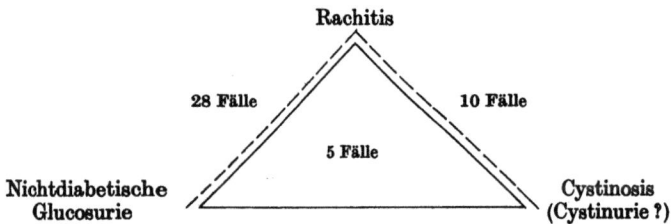

Abb. 4. Beziehungen zwischen Rachitis, Glucosurie und Cystinosis (nach McCUNE, MASON und CLARKE)

Abschnitt aus dem Primärharn zu reabsorbieren. In diesem Fall würde nämlich im distalen Tubulusabschnitt ein alkalischer Harn fließen, so daß der Reiz zur Ammoniakbildung hier nicht gegeben wäre. Diese und andere theoretische Überlegungen der Pathogenese der sog. renalen hyperchlorämischen Acidose wurden kürzlich eingehend von SMITH und SCHREINER an Hand von 2 Erwachsenen-Fällen abgehandelt.

b) Fanconi-Syndrom

FANCONI [5, 6] berichtete 1936 über seinen 2. und 3. Fall von „nephrotisch-glucosurischem Zwergwuchs mit hypophosphatämischer Rachitis". Bei beiden Kindern — das eine starb mit 16 Monaten, das andere war zur Zeit der Veröffentlichung noch am Leben (2 Jahre alt) — lag eine schwere Rachitis mit Wachstumsstörungen vor, die mit renaler Glucosurie einherging. Bei dem 2jährigen Kind wurden, wie bereits im Fall von DEBRÉ u. Mitarb., große Mengen organischer Säuren im Urin nachgewiesen, die FANCONI zum Teil für Aminosäuren hielt. Diese Vermutung hat sich später als richtig erwiesen, und es hat sich inzwischen auch herausgestellt, daß die *Hyperaminoacidurie* eines der Hauptsymptome des Krankheitsbildes ist. McCUNE, MASON und CLARKE konnten bei ihrem 1943 veröffentlichten Fall — es handelte sich um ein 8 Jahre altes Kind, dessen Erkrankung mit 3 Jahren zuerst in Erscheinung getreten war — eine erhöhte Ausscheidung organischer Säuren im Urin feststellen, von denen 82% Aminosäuren, 11% Milchsäure und 7% Betaoxybuttersäure waren. In der sehr kritischen Arbeit haben diese Autoren unter 10 verschiedenen Gesichtspunkten insgesamt 39 Fälle beurteilt, die sie in der Literatur — bis 1926 zurückgehend — gefunden hatten. Sie kamen hinsichtlich der Beziehung *Rachitis, Glucosurie und Cystinose* zu dem Ergebnis (s. Abb. 4), daß 28 Fälle die Kombination Rachitis mit nichtdiabetischer Glucosurie, 10 Fälle die Kombination Rachitis mit Cystinosis (Cystinurie ?) und 5 Fälle bei einer Rachitis sowohl eine Glucosurie als auch eine Cystinosis geboten hatten.

Betrachten wir noch einzelne grundlegende Arbeiten aus früherer Zeit, bevor wir die jetzigen Auffassungen über das Fanconi-Syndrom im Sinne der Lignac-Fanconi-Erkrankung zu umreißen versuchen.

Mit dem „Fall einer unheilbaren Rachitis" haben SCHIER und STERN (1926) eine hier besonders interessierende Mitteilung gemacht. Ihre Beobachtung war nicht nur wegen der erwiesenen Therapieresistenz der Rachitis im Hinblick auf das später aufgestellte Krankheitsbild der „*Vitamin D-resistenten Rachitis bzw. Osteomalacie*" bedeutungsvoll, sondern auch wegen der in der klinischen Beobachtungszeit aufgetretenen renalen Glucosurie, die, bis zum Tode des Kindes mit 18 Monaten, etwa während des letzten Halbjahres nachweisbar gewesen war. Dies scheint die erste Arbeit überhaupt zu sein, die über das *gemeinsame Vorkommen von Rachitis und renaler Glucosurie* berichtete. Als Ursache der Rachitis wurde eine „pluriglanduläre Insuffizienz" vermutet, die aber durch die Obduktion nicht bestätigt wurde. Während die Nieren als unauffällig beschrieben wurden, ließ sich sowohl makroskopisch wie mikroskopisch eine Hyperplasie der Nebenschilddrüsen feststellen, die jedoch im Rahmen des rachitischen Krankheitsbildes nicht ungewöhnlich ist.

Eine weitere wichtige Arbeit veröffentlichten BEUMER und WEPLER, in der sie auf die *Beziehung der Cystinkrankheit zum Fanconi-Syndrom* hinwiesen. Sie konnten ein 9 Monate altes Kind mit Rachitis und renalem Diabetes kurzfristig beobachten, das dann pathologisch-anatomisch eine hochgradige Ablagerung von Cystinkristallen in den verschiedenen Organen bot, u. a. in Leber, Milz, Nieren, Thymus. Der pathologische Anatom LIGNAC aus Leiden hatte schon 1924 innerhalb von 14 Tagen 2 Kinder im Alter von 2 und 3 Jahren untersuchen können, die in verschiedenen inneren Organen Cystinkristallablagerungen geboten hatten. Bei beiden Fällen war eine schwere Rachitis nachzuweisen, die in einem Fall mit einer Glucosurie einhergegangen war. LIGNAC erwähnte die gleichartigen früher mitgeteilten Fälle von E. ABDERHALDEN und von E. KAUFMANN und kam zu dem Schluß: „Eine Stoffwechselstörung des Eiweiß liegt, wie die abnormen Cystinablagerungen in den verschiedenen Organen zeigen, zugrunde". In bezug auf die Glucosurie führte er aus: „Es fragt sich, ob wir hier beim Kind nicht so sehr einen Diabetes als wohl eine vermehrte Durchlässigkeit der kranken Niere anzunehmen haben (Hyperglykämie bestand zeitlebens gar nicht)". Die Bedeutung der Rachitis und der Nierenerkrankung für das Krankheitsbild der beiden Fälle ließe sich seiner Meinung nach nicht übersehen. So konnten BEUMER und WEPLER (1937) auf Grund der beschriebenen Beobachtungen und des eigenen Falles insgesamt 5 Fälle auswerten. Als Ergebnis ihrer Untersuchungen betonten sie das allen Beobachtungen zugrunde liegende gemeinsame klinische Bild und erkannten zuerst, daß die *Cystinspeicherkrankheit*, die von LIGNAC so eingehend beschrieben worden war, „*die Züge des renalen bzw. nephrotisch-glykosurischen Zwergwuchses trägt*". Zahlreiche neue Erkenntnisse auf dem Gebiet des Fanconi-Syndroms verdanken wir H. BICKEL. In einer breit angelegten Gemeinschaftsarbeit sind im Children's Hospital in Birmingham von BICKEL u. Mitarb. 14 Fälle untersucht worden. Unter den Geschwistern dieser 14 Fälle wurden noch 7 weitere entdeckt, die jedoch nicht in diese Studie einbezogen wurden. Die Bedeutung hereditärer Faktoren für dieses Krankheitsbild kommt in diesen Zahlen erneut zum Ausdruck. BICKEL und HARRIS fanden einen einfachen recessiven Erbgang ohne genetische Beziehung zur klassischen Cystinurie bzw. zum sog. Fanconi-Syndrom beim Erwachsenen. Bei der allgemein geltenden Ansicht, daß es sich hier um eine sehr selten vorkommende Erkrankung handelt, ist die genannte Zahl der Fälle überraschend hoch. Eine *Cystinspeicherung* wurde durch Augen- oder/und Knochenmarkuntersuchung bei 13 von den 14 Fällen bereits intra vitam erkannt. Außerdem wurde bei 13 von den 14 Fällen, bei denen Harnuntersuchungen erfolgten, eine „*allgemeine Aminoacidurie*" nachgewiesen. Darunter verstehen die Autoren eine Ausscheidung von etwa 10 bis 20 verschiedenen Aminosäuren. BICKEL u. Mitarb. haben wegen der Konstanz dieser Befunde vorgeschlagen, dieses Krankheitsbild mit der sonst verwirrenden Fülle konstanter und inkonstanter Symptome „*Cystinspeicherkrankheit mit Aminoacidurie und Zwergwuchs*" zu nennen, oder als „*Lignac-Fanconi-Erkrankung*" zu bezeichnen. Durch die geschaffene schärfere Präzisierung, die in erster Linie der Methode der Papierchromatographie zu verdanken ist, die DENT [2, 3] zuerst für klinische Fragestellungen benutzte, konnten u. a. wichtige differentialdiagnostische Probleme und pathogenetische Fragen gelöst werden. BICKEL u. Mitarb. fanden bei einigen ihrer Fälle auf Grund der von H. A. KREBS vorgenommenen chemischen und der von SCHREIER durchgeführten mikrobiologischen Untersuchungen einen erhöhten Gehalt an Aminosäuren im Plasma, so daß damit die Theorie der reinen Tubulusinsuffizienz als Erklärung der Aminoacidurie beim Fanconi-Syndrom nicht generell zutreffend erscheint. Da sie außerdem weder bei ihren noch bei den in der Literatur berichteten Fällen, bei denen Bilanzuntersuchungen vorgenommen worden waren, eine excessive Phosphaturie unter Zugrundelegung der von MACY ermittelten Normalwerte nachweisen konnten, haben sie auch die Hyperphosphaturie als ein weiteres Symptom der renalen Tubulusinsuffizienz in ihrer primären Bedeutung für das Fanconi-Syndrom in Frage gestellt und auf eine verminderte enterale Phosphatabsorption aufmerksam gemacht. Weiter konnte wahrscheinlich gemacht werden, daß das Krankheitsbild der *sog. Cystinurie*, das WOLLASTON (1810) zuerst beschrieb, mit der Lignac-Fanconi-Erkrankung nichts zu tun hat. In keinem der mehr als 500 Urinchromatogramme bei den Fällen mit Lignac-Fanconi-Erkrankung war eine isolierte oder überwiegende Cystinurie nachweisbar gewesen. Bei der klassischen Cystinurie wurde von BICKEL in mehr als 20 Fällen niemals eine solche Menge und eine solche Aminosäurezusammensetzung vorgefunden, die der Aminoacidurie der Lignac-Fanconi-Erkrankung vergleichbar gewesen wäre. Die Aminosäureausscheidung bei der sog. Cystinurie war also nicht nur mengenmäßig viel geringer, sie betraf auch neben Cystin ebenso Lysin und Arginin, so daß vorgeschlagen wurde, besser von *Cystin-Lysinurie* zu sprechen. Nach BICKEL u. Mitarb. kommt der Cystinurie gegenüber anderen im Urin ausgeschiedenen Aminosäuren im Rahmen der Lignac-Fanconi-Erkrankung keine Sonderstellung zu; bezüglich der Beziehung Cystinurie und Cystinspeicherung vertreten die Autoren die Auffassung, daß kein Grund für die Annahme besteht, daß die Cystinspeicherung durch eine gestörte Nierentätigkeit zustande kommt, sondern der Ausdruck einer *prärenalen* Aminosäure-Stoffwechselstörung ist.

III. Klinik der hypophosphatämischen Osteopathie mit renaler Glucosurie

A. Eigene Beobachtungen[*]

Fall 1. G., K.-H., geb. 7. 4. 1915, Prot. Nr. 22012/51.
Beruf: Ingenieur.
36jährig bei der Klinikaufnahme.

Anamnese, Krankheitsverlauf und Epikrise. Bei einem 33jährigen Mann, der in früheren Jahren nie ernstlich krank war, entwickelten sich nach einer 1945/47 durchgemachten Phase der Unterernährung ab Mai 1949 eine erneute Gewichts-

---

[*] Auf detaillierte Anamnese, Status sowie spezielle Untersuchungen und ihre Ergebnisse kann in diesem Rahmen bei diesem und dem folgenden Fall nicht näher eingegangen werden. Veröffentlichung hierüber erfolgt getrennt.

abnahme, fortschreitende Leistungsinsuffizienz und „rheumatische Beschwerden". Als 5 Monate später eine klinische Untersuchung erfolgte, wurde „lediglich" eine *renale Glucosurie* nachgewiesen, da die Röntgenaufnahmen der Wirbelsäule und des Thorax zu diesem Zeitpunkt noch unauffällig waren.

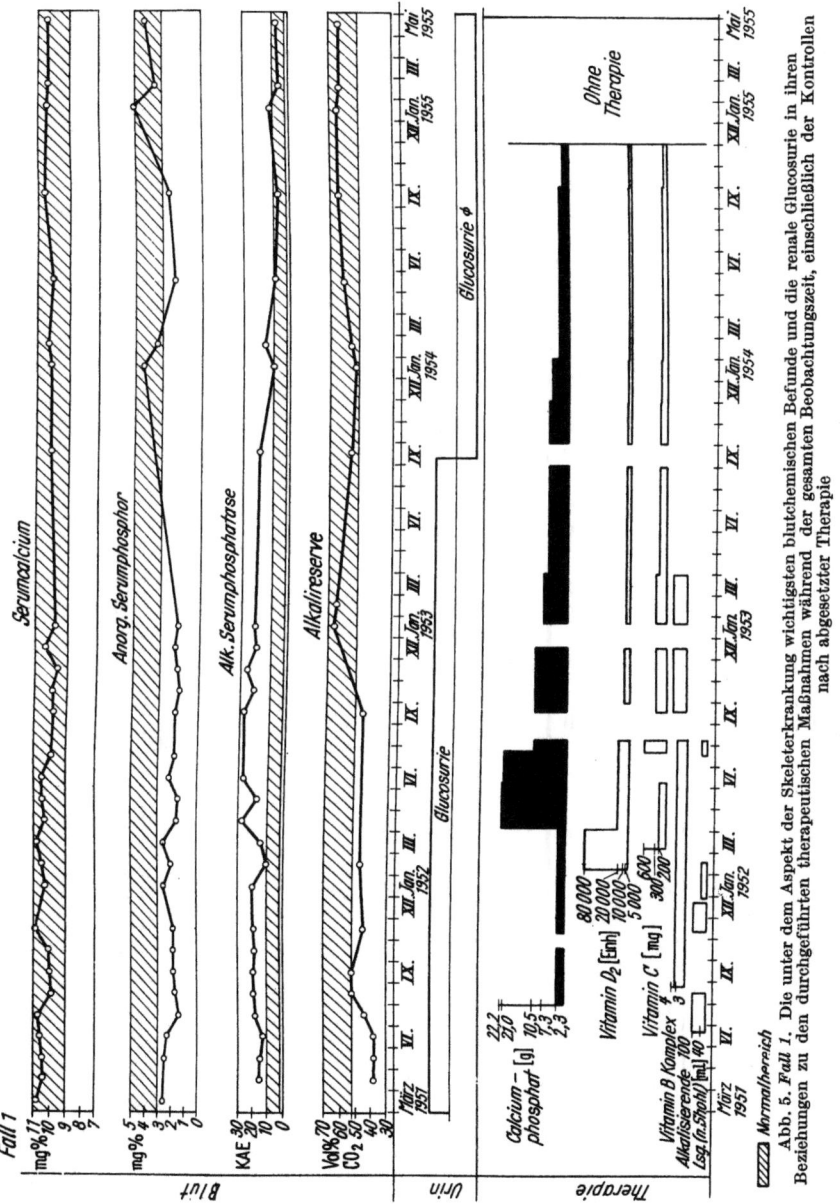

Abb. 5. *Fall 1*. Die unter dem Aspekt der Skeleterkrankung wichtigsten blutchemischen Befunde und die renale Glucosurie in ihren Beziehungen zu den durchgeführten therapeutischen Maßnahmen während der gesamten Beobachtungszeit, einschließlich der Kontrollen nach abgesetzter Therapie

Nach wiederholten weiteren Untersuchungen wurde im Oktober 1950 eine Spontanfraktur des 2. Mittelfußknochens nachgewiesen. Während monatelanger Gipsverbandbehandlung war es dann auffällig gewesen, daß trotz zusätzlicher Vitamin D- und Calciumgaben die Fraktur nicht abheilen wollte. Als der Patient

Tabelle 1

Plasma oder Serum	1951 März/April	1951 Mai/Juni	1951 Juni/Juli	1952 Juni	1953 Sept.	1954 Mai	1954 Sept.	1955 Januar	1955 3. Mai	1955 9. Mai	Normalwerte
	vor Therapie		unter Therapie					Kontr. nach im Nov. 1954 abgesetzter Therapie			
Natrium mäq/l		141,0		146,0			139,0	139,0	136,0	136,0	138,0 ± 3,4
mg/100 ml		325 0		336,0			320,0	320,0	312,0	312,0	317,5 ± 7,8
Kalium mäq/l		4,8		4,6			4,4	3,8	4,0	4,2	4,1 ± 0,3
mg/100 ml		18,6		17,8			17,1	15,0	15,6	16,5	16,0 ± 1,2
Calcium mäq/l	5,4	5,0	5,2	5,2	5,0	5,1	5,4	5,1	5,2	5,2	5,3 ± 0,3
mg/100 ml	10,8	10,1	10,4	10,4	10,1	10,2	10,8	10,3	10,4	10,2	10,6 ± 0,6
Bicarbonat mäq/l	16,8	17,3	19,8	18,0	25,1	28,1	29,2	29,2	26,0	28,0	26,5 ± 1,4
ml CO_2/100 ml	37,5	38,5	44,0	40,1	56,0	62,5	65,0	65,0	58,0	61,0	59,1 ± 3,1
Chlorid mäq/l		98,4		100,0			100,4	101,2	102,0	87,1	102,2 ± 2,2
mg/100 ml		349,0		355,0			356,0	359,0	359,0	309,0	362,8 ± 7,8
Anorg. Phosphor mäq/l	1,5	0,9	0,8	1,2	2,6	1,2	1,5	2,96	2,1	2,3	2,0 ± 0,5
mg/100 ml	2,6	1,6	1,4	2,1	4,4	2,1	2,5	5,1	3,6	4,0	3,4 ± 0,8
Total-Proteine mäq/l	18,8	20,2	18,6	20,2	20,2		19,8	18,8	17,1	19,3	17,3
g/100 ml	7,8	8,4	7,7	8,4	8,4		8,2	7,8	7,1	8,0	6,5 — 7,9
Albumine g/100 ml	4,8	4,5	4,5	4,9	5,4			4,8	4,1		4,7 — 5,7
Globuline g/100 ml	3,0	3,9	3,2	3,5	3,0			3,0	3,0		1,46 — 2,5
p_H								7,38	7,20	7,28	7,27 — 7,4 (venöses Blu
Alkalische Phosphatase KAE[1]/100 ml	19,4	15,3	18,1	26,0	18,5	8,5	6,8	11,0	7,5	8,0	bis 10 KAE[1]
Glucose mg/100 ml	90	81	86	88	80	88		88	94	92	75 — 92
Rest-N mg/100 ml	37			33	34	33	35	30	33	33	28 — 39
Harnstoff mg/100 ml	64			50		46		38	46	48	bis etwa 60
Gesamt-Cholesterin mg/100 ml	201			218	206	192		210	180	200	um 200
Bilirubin mg/100 ml	0,5	0,5	0,5	0,5	0,5	0,5		0,5	0,5	0,5	bis 1,1
Thymol/E	2	1	2	2	1			0,7	0,1	0,2	bis 2,5 E.

[1] KAE = King-Armstrong-Einheiten.

Fall 1: Die wichtigsten Blutbefunde während der diagnostischen Untersuchungen (vor Therapie), während Therapie und während der Kontrollen nach abgesetzter Therapie. Für die Elektrolyte erfolgen die Angaben in mg/100 ml und in mäq/l Plasma.

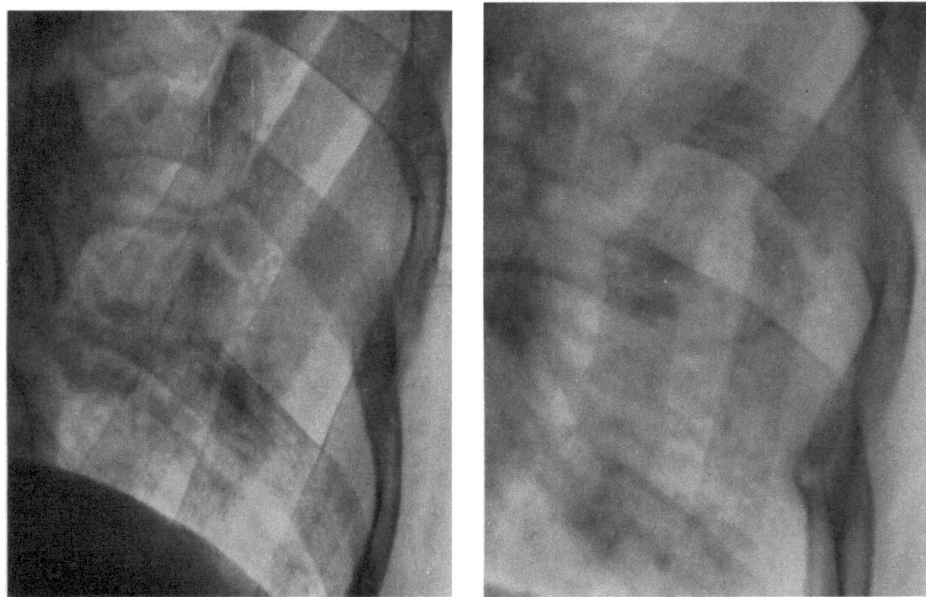

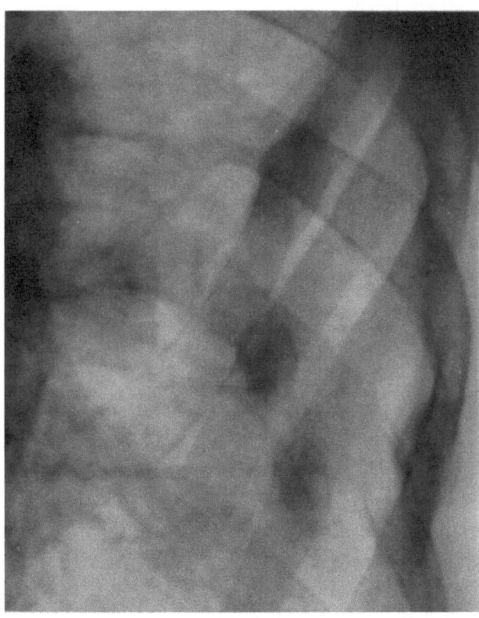

Abb. 6 A—C. *Fall 1.* Thorax (Spezialaufnahmen aus dem li. Thoraxbereich)[1] : A (April 1952): Mehrere Loosersche Umbauzonen. Entkalkung der Rippen, deren Corticalis wie mit dem Bleistift nachgezeichnet erscheint. B (März 1953): Etwa 2—3 mm breite schräge „Spaltbildungen" mit unscharfen Rändern bei 3 Looserschen Umbauzonen erkennbar. Callöse Überbrückung an der Medianseite. C (Januar 1954): Knöcherne Heilung der „Spaltbildungen" mit örtlich starker Verdickung des Knochens

---

[1] Sämtliche röntgenologischen Untersuchungen wurden im Allgemeinen Strahleninstitut des Univ. Krankenhauses Hamburg-Eppendorf (Direktor: Prof. Dr. R. Prévôt) durchgeführt.

im März 1951 in unsere klinische Beobachtung kam, bot er eine diffuse Schmerzhaftigkeit des Stütz- und Bewegungsapparates, einen angedeuteten watschelnden Gang und folgende wesentliche Befunde: (s. Abb. 5 und Tab. 1).

Blut. Normocalcämie, Hypophosphatämie, erhöhte alkalische Phosphatase (die *blutchemischen Befunde der Osteomalacie*), Verminderung der Alkalireserve bei erhöhtem sog. Säurerest.

Harn. Relative Hyperphosphaturie bei normaler Calciumausscheidung, intermittierende Glucosurie und Hyperaminoacidurie, Störung der renalen Säureausscheidung. *Clearance-Untersuchungen*: Glomeruläre Filtrationsleistung und Gesamtdurchblutung der Niere normal (Tab. 3, Nr. 10).

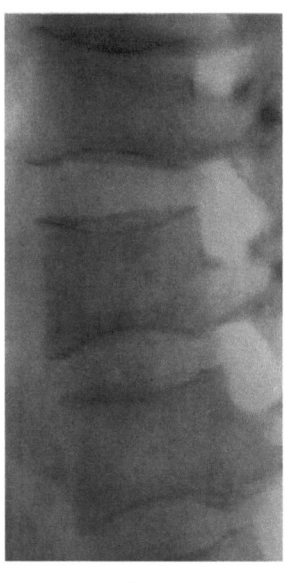
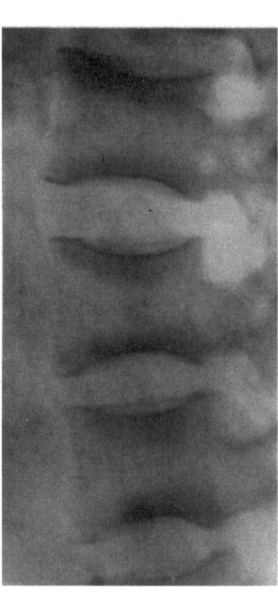

A B

Abb. 7 A u. B. *Fall 1.* Lendenwirbelsäule seitlich: A (Dezember 1951): Die Zwischenwirbelräume sind auffallend hoch. Die Deck- und Abschlußplatten flach eingedellt. Kalkarmut der Lendenwirbelkörper. B (September 1953): Wirbelkörper im allgemeinen nicht verändert. Der subchondrale Knochen unter- und oberhalb der Deck- und Abschlußplatten in einer Höhe von etwa 3—5 mm stark kalkhaltig geworden, während das Zentrum der Wirbelkörper noch kalkarm ist

Skelet. Röntgenologisch hochgradige Kalkarmut, Frakturen und Pseudofrakturen (s. Abb. 6). Mäßige Skolioseentwicklung der Brustwirbelsäule. Nach histologischem Befund (Beckenkamm-Biopsie) handelt es sich um eine Osteoporose (Prof. Dr. KRAUSPE).

Unter zunächst unterschwelliger Therapie wurde eine Progredienz des Skeletprozesses beobachtet (s. Abb. 6), die auch unter einer 8 Wochen lang durchgeführten hochdosierten Vitamin D-Behandlung (80000 E täglich) nicht zu beherrschen war. Erst unter *hoher Zufuhr von tribasischem Calciumphosphat* bei gleichzeitigem Abbau der Vitamin D-Therapie kam es zu einer subjektiven und objektiven Besserung. Innerhalb von mehreren Wochen wurde Schmerzfreiheit erzielt; gleichzeitig kam es zum Kalkniederschlag in die Pseudofrakturen, die dann abheilten (s. Abb. 6 B u. C). Später wurde auch eine eindrucksvolle Remineralisation des Skelets, besonders der Wirbelsäule gesehen (s. Abb. 7 A u. B). Nacheinander hatten sich die nachgewiesenen Nierenfunktionsstörungen vollständig zurückgebildet, die Glucosurie konnte ab September 1953 nicht wieder nachgewiesen werden (s. Abb. 5). *Vom 1. Februar 1954 an ist der wegen dieser Erkrankung als Vollinvalide beurteilte Patient wieder ganztägig in seinem Beruf als Ingenieur tätig. Seit der abgesetzten Therapie im Dezember 1954 blieb er rezidivfrei.* Auf Grund der Nachuntersuchungen ist anzunehmen, daß der mehrjährige Krankheitsprozeß ganz zur Abheilung gekommen ist.

Fall 2. M., P., geb. 26. 12. 1906. Prot. Nr. 22934/51.
Beruf: Schneidermeister.
44jährig bei Klinikaufnahme.

Anamnese, Krankheitsverlauf und Epikrise. Nach etwa 2 Jahre dauernden knappen Ernährungsverhältnissen in der Nachkriegszeit machten sich 1948 bei

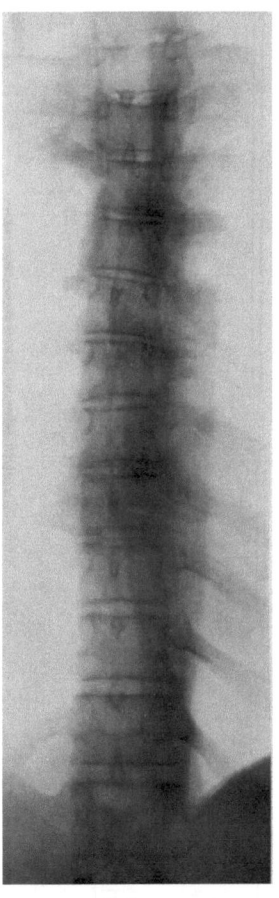
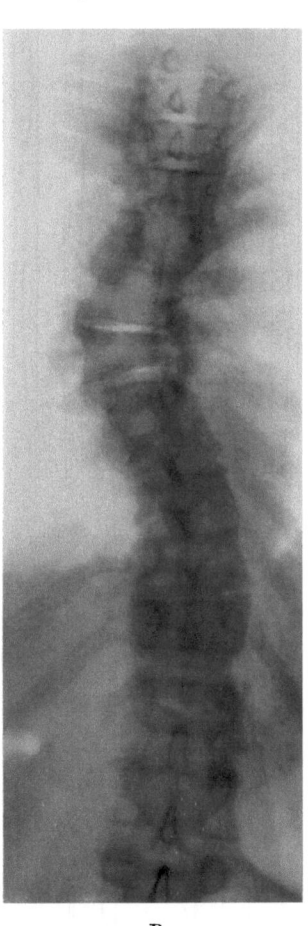

A   B

Abb. 8 A u. B. *Fall 2.* Brust- und obere Lendenwirbelsäule: A (Dezember 1948): Gleichmäßiger Entkalkungszustand der dargestellten Wirbel. Minimale rechtsskoliotische Schwingung mit Scheitel in Höhe des 7. Brustwirbelkörpers. B (Dezember 1951): Starke Zunahme der rechtskonvexen Dorsalskoliose mit kompensierender linkskonvexer Gegenkrümmung im Dorsolumbalanteil. Zunahme der Keilwirbelbildung im Scheitel der Krümmung. Starke Kalkarmut der Knochen

diesem Patienten die ersten Symptome seiner Erkrankung in Form „rheumatischer" Beschwerden bemerkbar. Ende 1948 ergab sich röntgenologisch eine angedeutete Skoliose der Brustwirbelsäule (Abb. 8). Ein halbes Jahr später wurde bei einer klinischen Untersuchung eine *renale Glucosurie* nachgewiesen und von einer Arthrosis deformans sowie Myogelosen gesprochen. Die anschließend durchgeführte Kur in einem Rheumabad und später vorgenommene analgetische Röntgenbestrahlungen des Skelets brachten nur eine vorübergehende Schmerzlinderung. 1950 war röntgenologisch eine hochgradige „fleckige Osteoporose"

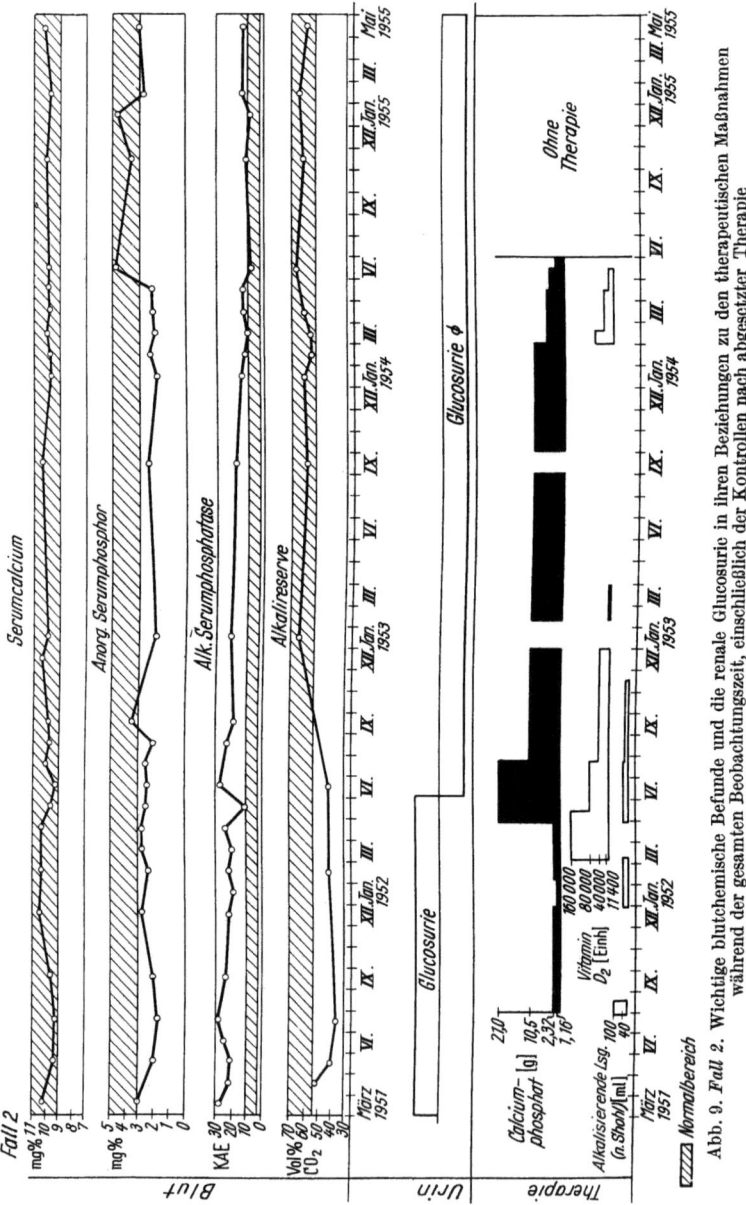

Abb. 9. *Fall 2.* Wichtige blutchemische Befunde und die renale Glucosurie in ihren Beziehungen zu den therapeutischen Maßnahmen während der gesamten Beobachtungszeit, einschließlich der Kontrollen nach abgesetzter Therapie

aufgefallen, so daß der Verdacht einer Knochensystemerkrankung auftauchte. Ende 1950 mußte dann wegen völliger Arbeitsunfähigkeit eine Invalidisierung vorgenommen werden. In monatlichen Abständen wurde 1950/51 durch seinen

Tabelle 2

Plasma oder Serum	1951 März/April	1951 Mai/Juni	Juli	1952 Juni	1954 Juni	1954 Novbr.	1955 19. Jan.	1955 23. Febr.	1955 3. Mai	1955 9. Mai	Normalwerte
	vor Therapie			unter Therapie			Kontr. nach abgesetzter Therapie				
Natrium mäq/l		139,2		145,3	145,3		139,2		139,2	128,7	138,0 ± 3,4
mg/100 ml		320,0		334,0	334,0		320,0		320,0	296,0	317,5 ± 7,8
Kalium mäq/l		3,9	3,7	4,9	4,3	4,2	3,6				4,1 ± 0,3
mg/100 ml		15,4	14,3	19,1	16,7	16,5	14,0	11,0	13,4	13,6	16,0 ± 1,2
Calcium mäq/l	5,2	4,7	4,6	4,6	5,0	5,0	5,1	4,8	5,1	4,9	5,3 ± 0,3
mg/100 ml	10,4	9,4	9,3	9,2	10,0	10,0	10,2	9,7	10,2	9,8	10,6 ± 0,6
Bicarbonat mäq/l	23,2	18,4	16,4	18,6	30,8	28,3	28,7	29,6	26,0	25,1	26,5 ± 1,4
ml CO_2/100 ml	52,0	41,0	36,5	41,5	68,5	63,0	64,0	66,0	60,0	56,0	59,1 ± 3,1
Chlorid mäq/l		99,3		104,9	104,3		97,0		98,1	139,2	102,2 ± 2,2
mg/100 ml		352,0		372,0	370,0		344,0		348,0	320,0	362,8 ± 7,8
Anorg. Phosphor mäq/l	1,7	1,2	1,0	1,6	3,0	2,0	2,7	1,6	1,4	1,7	2,0 ± 0,5
mg/100 ml	3,0	2,1	1,7	2,8	5,1	3,5	4,7	2,7	2,4	3,0	3,4 ± 0,86
Total-Proteine mäq/l		18,8	17,4	17,8	17,8	18,3	20,1	18,9	17,6		17,3
g/100 ml		7,8	7,2	7,4	7,4	7,6	8,5	8,0	7,3		6,5 — 7,9
Albumine g/100 ml		4,6		4,4			4,7		4,2		4,7 — 5,7
Globuline g/100 ml		3,2		3,0			3,8		3,1		1,46 — 2,54
P_H							7,50	7,56	7,18	7,24	7,27 — 7,43 (venöses Blut)
Alkalische Phosphatase KAE^1/100 ml	22	22	30	28	9	11	9	14	14	12	bis 10 KAE^1
Glucose mg/100 ml	98	94	90	78	88		84	76	80	88	75 — 92
Rest-N mg/100 ml	31,0	35,0	38,0	30,0	30,0	33	33,0	31,0	33,0	30,0	28,0 — 39,0
Harnstoff mg/100 ml				36	42	48	50	44	48	36	bis etwa 60
Gesamt-Cholesterin mg/100 ml	178	194					256	183	228	186	um 200
Bilirubin mg/100 ml	0,5	0,5	0,5	0,5			0,5	0,5	0,5	0,5	bis 1,1
Thymol/E		2,0					1,0	1,0	0,2	0,6	bis 2,5 E

[1] KAE = King-Armstrong-Einheiten.

Fall 2: Die wichtigsten Blutbefunde während der diagnostischen Untersuchungen (vor Therapie), während Therapie und während der Kontrollen nach abgesetzter Therapie. Für die Elektrolyte erfolgen die Angaben in mg/100 ml und in mäq/l Plasma.

Hausarzt eine Vitamin D-Stoßtherapie durchgeführt, gleichzeitig wegen Fortdauer der Schmerzen eine Ultraschall-Behandlung des Beckens und der Hüftgelenke versucht und schließlich Peteosthor — ein Thorium X-Präparat — injiziert.

Im März 1951 kam dieser Patient in unsere Beobachtung und Behandlung. Er war seit 1948 etwa 15 cm kleiner geworden. Außer den erheblichen Allgemeinbeschwerden, der diffusen Schmerzhaftigkeit des Skelets und dem watschelnden Gang waren zu diesem Zeitpunkt und später die folgenden Befunde zu erheben (s. Abb. 9 u. Tab. 2).

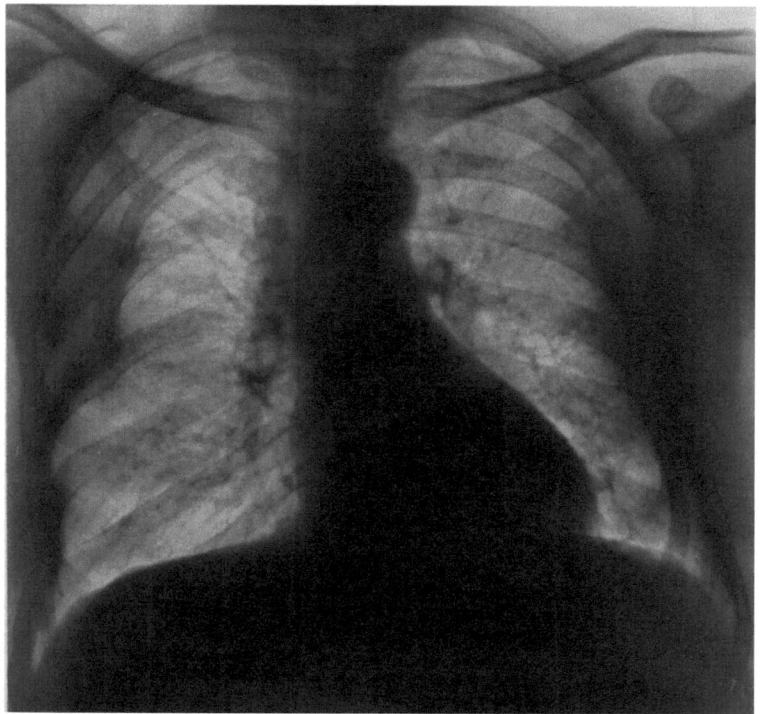

Abb. 10. *Fall 2.* Thorax

Abb. 10A (Juli 1951): Mehrfache Knickungen der Rippen, die dadurch einen kurzbogigen Verlauf nehmen. An der re. 4.,5., 6. und 7., li. weniger charakteristisch an der 5. und 6. Rippe Infraktionen erkennbar. Hochgradige Kalkarmut der Rippen. Rechtskonvexe Skoliose der Brustwirbelsäule

Blut. Normocalcämie, Hypophosphatämie, erhöhte alkalische Phosphatase (*die blutchemischen Befunde der Osteomalacie*), Verminderung der Alkalireserve als Ausdruck einer Stoffwechselacidose und Erhöhung des sog. Säurerestes.

Harn. Relative Hyperphosphaturie bei normaler Calciumausscheidung, intermittierende renale Glucosurie. Keine Hyperaminoacidurie. Gestörter renaler Säureausscheidungsmechanismus (Tab. 3, Nr. 11). Nach Clearance-Untersuchungen normale Nierendurchblutung und normale glomeruläre Filtrationsleistung.

Skelet. Röntgenologisch: Diffuse, atrophische, kalkarme Struktur. Kyphoskoliose. Bogige Deformierungen der Rippen mit Frakturen bzw. Pseudofrakturen (Abb. 10 A u. B). Symmetrische Loosersche Umbauzonen der Metacarpalia II (Abb. 11 A). Histologisch (Beckenkamm): Osteoporose (Prof. Dr. KRAUSPE).

Bei entsprechender *Therapie* mit trib. Calciumphosphat und Vitamin D (Abb. 9) unter Berücksichtigung der Mineralbilanzergebnisse Abheilung der Frakturen bzw. Pseudofrakturen (Abb. 11 A u. B), gewisse Remineralisation des Skelets (Abb. 12 A u. B) und allmähliche Rückbildung der das Krankheitsbild charakterisierenden Symptome. *Kontrolluntersuchungen ergaben, daß der Patient seit Absetzen der Therapie im Juni 1954 rezidivfrei geblieben ist* (Abb. 9). *Der Patient kann seither wieder voll seinen Beruf ausfüllen.* Bedauerlich ist nur, daß der abgeheilte Skeletprozeß mit der schweren und hochgradigen Kyphoskoliose und

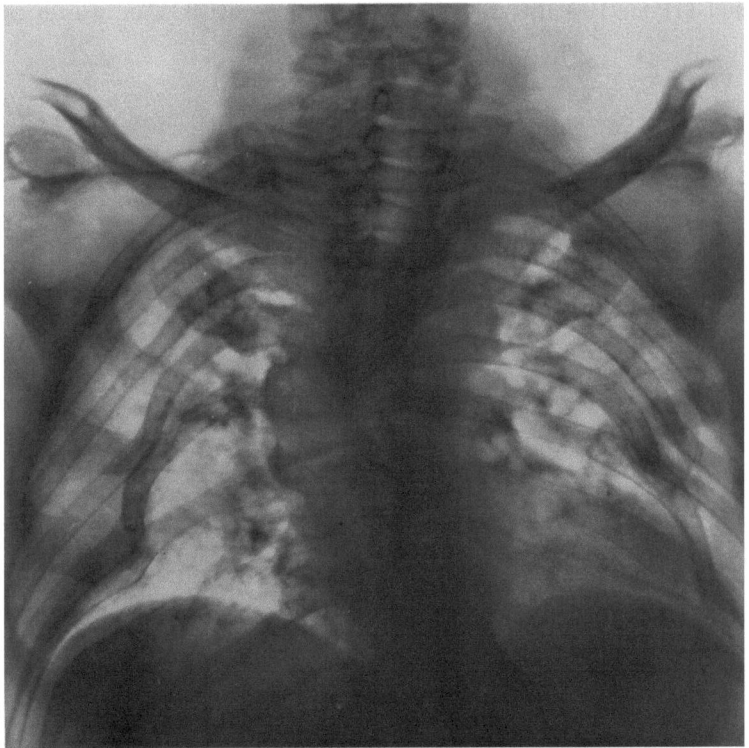

Abb, 10 B (Januar 1954): Brustkoliose sehr verstärkt unter Bildung keilförmiger Scheitelwirbel des 6. und 7. Brustwirbels Die Brustwirbelkörper mit Ausnahme des 7. sind größtenteils ineinander projiziert, da neben der Skoliose auch eine starke kyphotische Komponente besteht. Die Rippen zeigen die genannten Knickungen (s. Abb. A oben) und beiderseits der Knickungsstellen den kurzbogigen Verlauf. Der Kalkgehalt der dargestellten Knochen erscheint gegenüber der Aufnahme von 1951 etwas vermehrt

Thoraxdeformität (Abb. 10) eine ausgesprochene Defektheilung darstellt, die durch eine früher gestellte Diagnose und folglich eher einsetzende gezielte Therapie vermutlich zu umgehen gewesen wäre.

B. Gesamtes Krankengut (s. Tab. 3)

1. Allgemeines

Das in der Literatur vorliegende Krankengut, das wir unseren Fällen an die Seite stellen möchten, haben wir unter dem Gesichtspunkt des gleichzeitigen Vorkommens von *Skeleterkrankung* und *Glucosurie bei Erwachsenen* ausgewählt. Einschließlich der eigenen Beobachtungen boten 21 Fälle diese Kombination. Die uns zuletzt bekannt gewordenen 3 Fälle haben wir in unserer tabellarischen Übersicht (Tab. 3) unberücksichtigt gelassen. Sie wurden von SAVILLE und Mitarb., von BARTELHEIMER [4] und von ENGLE und WALLIS mitgeteilt. Möglicherweise würde auch der von LINDER, BULL und GRAYCE berichtete Fall hierher gehören, über den wir uns nur aus der Arbeit von JACKSON und LINDER orientieren konnten. Es handelte sich um eine Frau, die offenbar bis zu ihrem 16. Lebensjahr gesund gewesen war und dann wegen pathologischer Frakturen in klinische Behandlung kam. Bei ihr wurde eine hochgradige ,,Osteoporose''-Entwicklung beobachtet mit Hypophosphatämie, erhöhter alkalischer Serum-Phosphatase, Albuminurie und Glucosurie. Zwei Blutzuckerwerte, die angegeben sind, betrugen 136 mg/100 ml und 171 mg/100 ml. Sie starb mit 22 Jahren; ihr Tod wurde auf einen

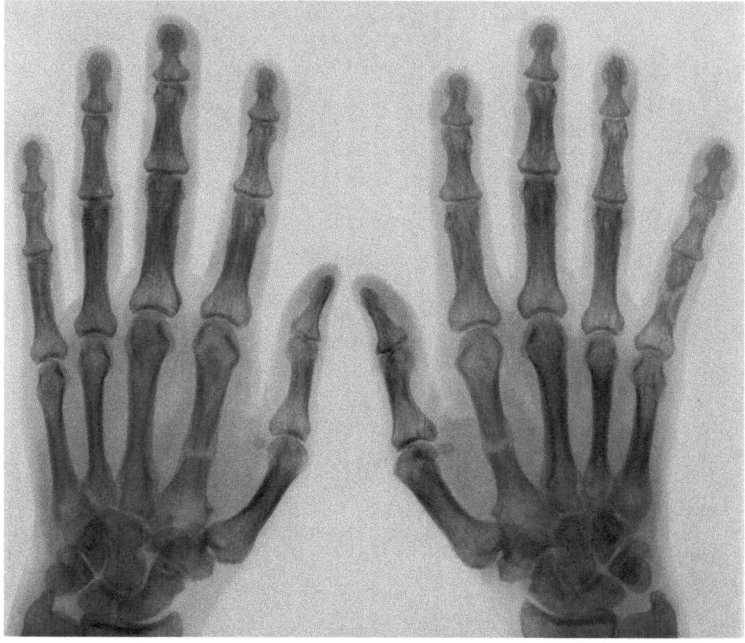

Abb. 11. *Fall 2.* Handskelet

Abb. 11 A (Februar 1952): Kalkarmut, deutlich besonders in den spongiösen Anteilen, aber auch deutlich im Gebiete der Diaphysen der Phalangen, die besonders re. längsgestrichelte Strukturen aufweisen. Beide Metacarpalia II zeigen Umbauzonen, von denen die der li. Hand etwa zwischen mittlerem und unterem Drittel des Knochens gelegen ist, die der re. etwas weiter distalwärts, nur wenig proximal von der Knochenmitte liegt. Beide Umbauzonen sind von neugebildetem Knochencallus umfaßt. An der Grundphalange des re. 5. Fingers ist eine Y-förmige Umbauzone vorhanden, die Ähnlichkeit mit einem Stückbruch hat

Diabetes mellitus bezogen. Im Verlauf der Erkrankung war sie gezwungen, an Stöcken zu gehen, und war schließlich in ein Krüppelheim gebracht worden. Wie sie selbst hatte auch ihre Schwester eine ausgesprochene Retinitis pigmentosa und ein ,,Fanconi-Syndrom mit Vitamin D resistenter Spätrachitis, Hypophosphatämie, Glucosurie und Aminoacidurie''.

In diese vergleichende Betrachtung konnten wir einen weiteren Fall eines ,,Fanconi-Syndroms'' bei einer 46 jährigen Frau, den DENT u. Mitarb. [2] beobachteten und deren Nierenveränderungen CLAY, DARMADY und HAWKINS mitteilten, nicht einschließen, da nicht genügend klinische Daten vorlagen. Allerdings werden wir auf die festgestellten Nierenveränderungen zurückkommen.

Die Mehrzahl der in Tab. 3 zusammengestellten Fälle ist erst seit 1947 mitgeteilt worden. Über unsere eigenen Fälle hatten wir 1952 zusammen mit HILTE-

MANN und WENDEROTH berichtet, als die Prognose und das Therapie-Ergebnis noch ungewiß waren.

Ob wir berechtigt sind, den Fall von SALASSA, POWER, ULRICH und HAYLES in unsere Betrachtung der Erwachsenen-Fälle einzubeziehen, läßt sich schwer übersehen. Wir haben es getan, weil das Krankheitsbild des 16jährigen, abweichend von den sonstigen Beobachtungen der Lignac-Fanconi-Erkrankung, erst mit 7 Jahren wohl frühestens in Erscheinung getreten war.

In dem vorliegenden Krankengut (Tab. 3) spielt die Glucosurie bei den Fällen, über die LINDER und VADAS [2] (Nr. 1); MILKMAN [1, 2] (Nr. 2) sowie EDEIKEN

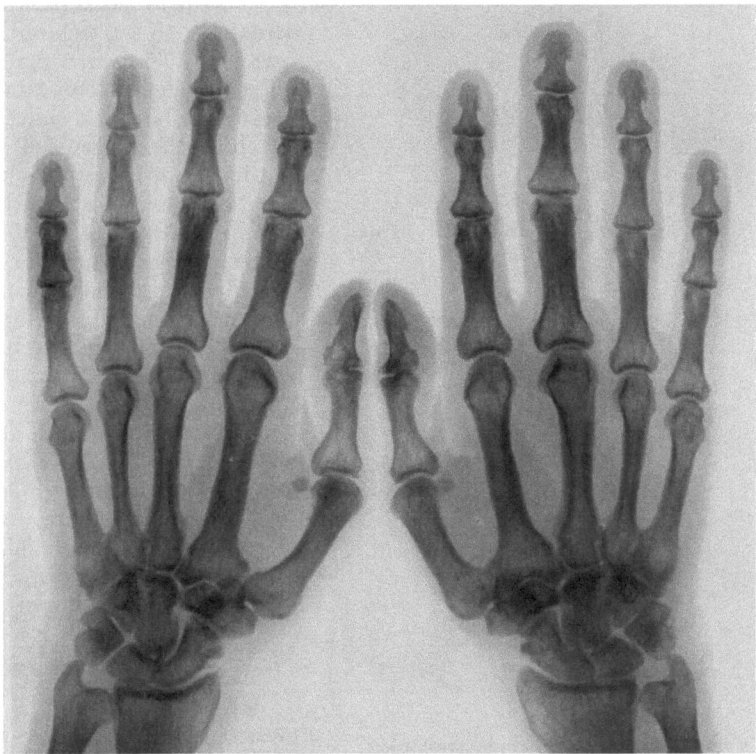

Abb. 11 B (Januar 1954): Heilung der Umbauzonen, an deren Stelle nur noch eine spindelige Anschwellung der Compacta auf den durchgemachten Prozeß hinweist, während die 5. re. Grundphalanx keine deutlichen Spuren von diesem mehr erkennen läßt, es sei denn eine geringfügige Änderung der Spongiosa. Der Kalkgehalt ist ganz wesentlich vermehrt und von der strähnigen Auflösung der Diaphysencorticalis in längsverlaufende Strähnen ist nichts mehr zu sehen

und SCHNEEBERG (Nr. 5) berichteten, noch nicht die Rolle, die ihr heute im Rahmen des Krankheitsbildes zukommt. Erst durch das Bekanntwerden des Fanconi-Syndroms im Kindesalter und durch die Verwendung dieses Begriffes bei einem Erwachsenen-Fall durch STOWERS und DENT dürften derartige Krankheitsformen ab 1947 bei Erwachsenen zunehmend erkannt worden sein. So haben dann in Übereinstimmung mit STOWERS und DENT auch LAMBERT und DE HEINZELIN DE BRAUCOURT [1]; MILNE, STANBURY und THOMSON; DRAGSTEDT und HJORTH; SIROTA und HAMERMAN; KYLE, MERONEY und FREEMAN; SALASSA, POWER, ULRICH und HAYLES sowie MYERSON und PASTOR bei ihren Fällen vom Fanconi-Syndrom gesprochen.

2. Geschlechtsverteilung und Alter

Während bei der „gewöhnlichen" Osteomalacie stets die starke Bevorzugung des weiblichen Geschlechtes betont wurde, ist in der hier gegebenen Zusammenstellung das Überwiegen des männlichen Geschlechtes sehr ausgesprochen. Das Verhältnis Männer zu Frauen beträgt 14:4. Auch bei unseren eigenen Beobachtungen handelt es sich um Männer.

Betrachtet man das Alter dieser Fälle bei der Krankenhausaufnahme, so ließ sich ein Mittelwert von 40,6 Jahren errechnen, wobei der jüngste Fall 16 und der älteste 56 Jahre alt waren. Die ersten Erscheinungen der Krankheit hatten sich vermutlich frühestens im Alter von 7 und spätestens im Alter von 55 bis 56 Jahren bemerkbar gemacht. Der Mittelwert des Symptomenbeginns, soweit man dies aus den Anamnesen ermitteln kann, lag zwischen dem 33. und 35. Lebensjahr. Aus der Gegenüberstellung dieser beiden Mittelwerte (40,6 und 33—35) ist der *chronische Charakter der Erkrankung* ersichtlich. Gewöhnlich dauerte es Jahre, bis eine gründliche klinische Untersuchung und Klärung des Krankheitsbildes vorgenommen wurde.

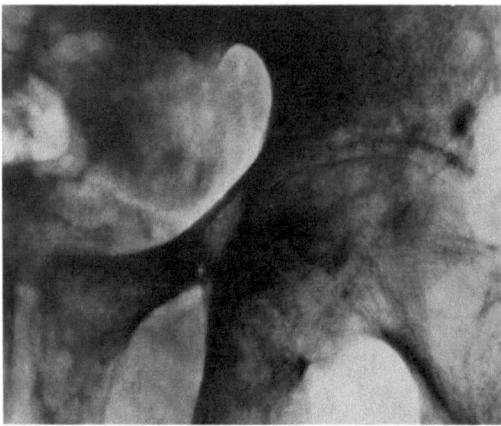

A

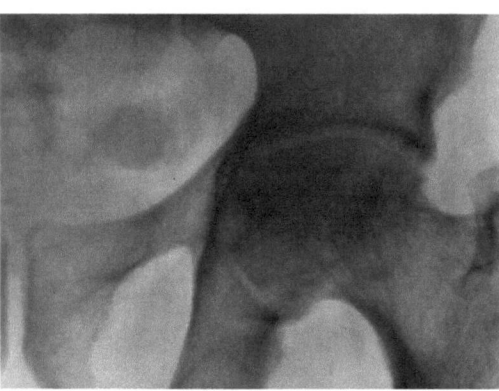

B

Abb. 12 A u. B. *Fall 2.* Ausschnitt aus Beckenübersicht A (Mai 1951): Enormer Kalkmangel der Beckenknochen und coxalen Femurenden. Die Entkalkung ist so hochgradig, daß z. B. die sog. Brauen beider Pfannendächer nicht mehr zur Erscheinung kommen, sondern durch fleckförmige Entkalkungen aufgelöst sind. Die Hüftgelenksspalten erscheinen besonders im medialen und unteren Abschnitt verschmälert. Die Hüftköpfe sind leicht oval gezeichnet. B (Mai 1955): Erhebliche Zunahme des Kalkgehaltes des gesamten Beckens sowie der coxalen Femurenden. Die sog. Brauen der Pfannendächer zeigen wieder ihre normale Form und Dichte, die Aufhellungsherde in ihrem Bereich sind verschwunden. Die Umformung beider Schenkelköpfe ist noch deutlich, und die Gelenksspalten sind im mittleren und unteren Abschnitt schmaler als normal. Auf der re. Seite besteht eine Zackenbildung des unteren Pfannenrandes. An der li. oberen Pfannendachecke ist ebenfalls eine Zuspitzung des Knochens vorhanden, die mit einer solchen des Femurkopfrandes korrespondiert, wie überhaupt die Ecken der Femurkopfränder ebenso wie die Pfannenränder minimale Veränderungen im Sinne einer Arthrosis deformans zeigen

3. Familienanamnese

Über die Fälle 1, 3, 8, 9, 13, 17 und 18 der Tab. 3 liegen keine bzw. keine genauen Angaben bezüglich der Familienanamnese vor. Da einige Autoren jedoch vom „Fanconi-Syndrom" sprachen (Fall 9, 13, 17 und 18), ist anzunehmen, daß eine genaue Familienvorgeschichte erhoben wurde, die nur wegen des negativen Ergebnisses nicht erwähnt ist. Bei den Fällen 2, 4, 5, 6, 11, 12, 14 und 16 wurde betont, daß keine Besonderheiten vorlagen. Die Autoren der Fälle 11, 12, 14 und 15 brachten zum Ausdruck, daß kein Hinweis für eine Konsanguinität bestand. Die Fälle 2, 5, 6, 11, 14 und 16 sollen Geschwister haben, von denen aber keines eine gleiche oder gleichartige Krankheit gezeigt hätte. Im Fall 2 war die Patientin das 7. von 11 Geschwistern, von denen noch 9 lebten. Im Fall 6 war der Patient das 7. von 9 Kindern, von denen 6 an Tuberkulose gestorben sind. Eine Konsanguinität bieten die Fälle 7 und der eigene Fall 10. Unser Patient war einziges Kind. In seiner Familie konnten bei sorgfältiger Erhebung der Anamnese keine ungewöhnlichen Befunde ermittelt werden.

Eine Besonderheit bleibt in dieser ganzen Serie der Fall von STOWERS und DENT, der kein Analogon bietet. Hier lagen „ein oder mehrere Zeichen des Fanconi-Syndroms bei der Mutter des betr. Patienten und bei 4 Schwestern der Mutter vor, während ihr Bruder gesund war". Von der Mutter wird berichtet, daß sie eine Deformität des Rückens, der Hüfte und der Beine aufwies und kleiner geworden sei. Röntgenologisch bestand der Verdacht auf einen fortgeschrittenen Morbus Paget. Außerdem wurde eine Hepatosplenomegalie nachgewiesen. Schwester 1 gleichfalls Rücken- und Hüftdeformität, Konkremente im Harn, fraglicher Hyperparathyreoidismus. Schwester 2 Glucosurie. Schwester 3 Glucosurie, Fußgangrän, Insulinbedarf. Schwester 4 renale Glucosurie. STOWERS und DENT kommen auf Grund der Analyse der Familienanamnese zu der Auffassung, daß ein *dominanter* Erbgang für dieses Syndrom beim Erwachsenen in Frage käme, während für das Fanconi-Syndrom im frühen Kindesalter ein recessiver Erbgang gut begründet ist (FANCONI [4, 5, 6]; FANCONI und BICKEL; DENT und HARRIS [2] sowie BICKEL und HARRIS).

4. Frühere Erkrankungen

Was läßt sich aus den Anamnesen dieser 18 Fälle hinsichtlich früher durchgemachter Krankheiten entnehmen? Sind Beziehungen zwischen diesen Erkrankungen und der hypophosphatämischen Osteomalacie und Glucosurie erkennbar?

Rachitis durchgemacht bzw. rachitische Zeichen boten die Fälle 3, 5, 7, 12 und 14. Im Fall 5 bestand bei der 34jährigen Frau (bei der Krankenhausaufnahme) eine Körpergröße von 133 cm. Mit 7 Jahren sei eine Tibiafraktur ohne nennenswertes Trauma aufgetreten. Zu dieser Zeit und auch später mit 14 und 30 Jahren war von einem fraglichen osteomyelitischen Prozeß die Rede gewesen.

Infektionskrankheiten: Die üblichen Infektionskrankheiten in der Kindheit sind bei den Fällen 2, 5, 7, 10 und 11 erwähnt. Eine Pneumonie kam im Fall 2 mit 2 Jahren vor. Im Fall 10 war eine Bronchopneumonie in der Kindheit und einige Monate vor Beginn der eigentlichen Erkrankung (als der Patient 33 Jahre alt war) aufgetreten. Im Fall 16 wurde etwa 1 Jahr vorher ein leichtes Gelbfieber durchgemacht. Im Fall 17 wird von einem akuten fieberhaften Infekt im Alter von 7 Jahren berichtet mit delirantem Bild für Tage. Dabei sei vorübergehend eine Glucosurie bemerkt worden, und seither hätten Empfindlichkeit, Schwäche und Gliederschmerzen nach Belastungen bestanden.

Lues: Im Fall 1 wurde im Alter von 15 Jahren eine antisyphilitische Behandlung durchgeführt. Die Diagnose war allerdings zweifelhaft gewesen, und die Schmerzen im Skelet dürften bereits Ausdruck der Erkrankung gewesen sein. Im Fall 4 wird eine zweifach positive Wassermann-Reaktion im Blut unter den übrigen im Krankenhaus erhobenen Befunden erwähnt. Eine Lues-Anamnese lag nicht vor. Fall 14 acquirierte mit 20 Jahren eine Lues und machte dann mehrere Salvarsan-Wismut-Kuren durch. Die ersten Symptome des sog. Fanconi-Syndroms traten jedoch erst viel später auf.

Nierenkrankheiten. In dem zuletzt genannten Fall (Nr. 14) wurde eine Proteinurie bei normalem Blutdruck 5 Jahre vor Beginn der Skeletschmerzen einmal nachgewiesen, und eine Glucosurie soll hier einmal 2 Jahre vor Beginn der Skeletschmerzen bemerkt worden sein. Bei Fall 10 wird über eine Albuminurie berichtet, die 14 Jahre vorher einmal nachgewiesen war. Im Fall 2 wird eine Urolithiasis mit 2maligem Steinabgang 3 bis 5 Jahre vor Beginn des eigentlichen Krankheitsbildes erwähnt. Im Fall 12 ist während der Erkrankung mit 39 Jahren eine

Ta-

Nr.	Autoren	Diagnose	Fall Geschl.	Alter bei Klinikaufn.	Anamnese Alter bei Beginn der Symptome	Blut (Normalbefunde siehe Tab. 1) Calcium mäq/l mg/100 ml	Kalium mäq/l mg/100 ml	anorg. Phosphor mäq/l mg/100 ml	Chlorid mäq/l mg/100 ml	Alkali- reserve mäq/l Vol.-% CO_2	p_H	alkalische Phosphatase KAE/100 ml	Menge ml/24 h	Spez. Gew.
1	LINDER u. VADAS 1931	Spätrachitis mit Nebenschilddrü- senhyperplasie	♂	19	15—17	4,5—7,0 9—14		0,7—0,9 1,2—1,5				o. B.		1010 bis 1038
2	MILKMAN 1934	Multiple spont. idiopathische symmetrische Frakturen	♀	43	35	5,0—7,5 10—15		1,2—3,9 2,0—6,8		24,2 54,0				bis 1020
3	HUNTER 1935	Generalisierte Osteoporose mit renaler Glucosurie	♂	29	25	4,7—5,8 9,5 bis 11,6		0,6—1,6 1,0—2,8				leicht erhöht		
4			♂	35	31	5,1—5,9 10,3 bis 11,9		0,2—1,3 0,4—2,3				leicht erhöht		1020 bis 1030
5	EDEIKEN u. SCHNEE- BERG 1943	Multiple spont. idiopath. sym- metrische Frak- turen,,Milkman- Syndrom"	♀	34	21 evtl. niedrig.	4,6—5,5 9,3 bis 11,0	3,9 15,1	1,2—1,5 2,0—2,6	91; 104 322; 370	21,0 47,0		14,8 Kay- Roberts		1009 bis 1012
6	COOKE, BARCLAY, GOVAN u. NAGLEY 1947	Osteoporose mit niedrigem Se- rumphosphor u. renal. Glucosurie	♂	36	26—27	4,7—5,1 9,5 bis 10,3		0,5—1,3 0,8—2,2	98—103 348 bis 364	23,6—24,7 52,5—55,0	7,20 bis 7,32	16,6—20,9 Jenner u. Kay		
7	STOWERS u. DENT 1947	Fanconi- Syndrom	♂	34	30	5,2 10,4	4,2[1] 16,5[1]	1,4 2,4	107[1] 379[1]	24,8[1] 55,3[1]	7,58	5 spät. 62,8		1004 bis 1022
8	LIÈVRE, BLOCH- MICH. SASSIER u. SOLIGNAC 1948	Renaler Phos- phor- u. Zucker- diabetes	♂	53	51	4,8—5,3 9,5 bis 10,5		1,4—2,6 2,4—4,5		17,7—36,0 39—80		12—23 Bodansky	800 bis 1200	1000 bis 1040
9	LAMBERT, DE HEIN- ZELIN DE BRAU- COURT 1951	Fanconi- Syndrom	♂	56	29—49	4,6 9,2	3,7 14,5	0,6 1,1	104 369	25,9 57,6	7,42	5,8 Roberts	450 bis 600	
10	Eigene Fälle	Generalisierte Knochenerkran- kung mit Funk- tionsstörungen im Tubulus-Sy- stem der Niere	♂	36	34	4,9—5,3 9,8 bis 10,6	4,8 18,9	0,8—1,6 1,4—2,7	98 348	16,8 37,5		18 Mittelwert	800 bis 1200	1000 bis 1028
11			♂	44	41	4,6—5,2 9,2 bis 10,4	3,9 15,4	1,0—1,7 1,7—3,0	99,3 352	16,4 35,6		25 Mittelwert	900 bis 1400	1002 bis 1028
12	ANDERSON, MILLER u. KENNY 1952	Osteomalacie u. renale Glucosurie b. Erwachsenen	♀	44	32—35	5,6 11,2	4,4[1] 17,1[1]	0,9 1,5	101 359	23,8 53,0		31		1004 bis 1013

belle 3

	Urin						Neben-schild-drüsen	Skelet rö. = röntgeno-logisch hist. = histo-logisch	Weiterer Verlauf und Ausgang der Erkrankung	Bemerkung
Reaktion p_H	Glucosurie g/24 h	Albuminurie	Phos-phaturie mg/24 h	Phosphat-clearance ml/min	Calciurie mg/24 h	Amino-acidurie				
„oft alka-lisch"	+	∅	Phosphat-bilanz meist positiv		40—100		hist. Hyper-plasie	rö. kalkarm, Ky-phoskoliose der Wirbelsäule, Epiphysen-verbreitung	nach Neben-schilddrüsenop. (850 mg entfernt) Nachlassen der diff. Schmerzen Ausgang unbek.	nur bis zum 22. Lebensjahr beobachtet
	+ Spuren bis 5%	(+)			400		o. B. einmali. Unter-suchung	rö. symmetr. „Defekte", kalk-arm, Kompressi-onsfrakturen der BWK, Kyphose hist. Osteoporose u. Osteomalacie	Exitus letalis mit 43 Jahren	Sektion: u. a. Nephritis, Myokarditis, 43 „Defekte" des Skelets
„sauer"	+	+			146 Mittel-wert		vorwie-gend wasser-helle Zellen	hist. Osteomala-cie u. Osteoporo-se. „Frakturen" der Schambein-äste. Skoliose der BWS	nach 2 Jahren unter Vit. D u. Calcium Ver-schlechterung. Ausgang unbe-kannt	
„sauer"	+	(+)	540 Mittelwert		160 Mittel-wert		nodu-läre Hyper-plasie	rö. fortgeschrit-tene Osteoporose Frakturen. hist. Osteoporose	unbekannt	negative Cal-cium- u. schwach negative bis po-sitive Phosphor-Bilanz
	+	(+)			9,1 bis 25,0			rö. kalkarm, Ky-phose der Wirbel-säule, herzförm. Becken, zahl-reiche Frakturen	unbekannt nach 25 Wochen Vit. D (50000 iE tgl.) u. Calc. lact. schmerzfrei	Zwergwuchs leicht diabetische Blutzuckerkurve (nach Belastung)
4,97 Mini-mum	+	∅	~1400	42	~180		hist. o. B.	hist. hochgradige Osteoporose, Rip-penfrakturen, Kyphoskoliose	Exitus letalis mit 39 Jahren durch Ulcusblutung (ulcus duodeni)	Sektion. Nieren: degenerative Veränderung der proximalen Tu-buli mit fehlend. alk. Phosphatase (n. GOMORI)
fast kon-stant alka-lisch	+	(+)	„nicht erhöht"		leicht erhöht	~1000 mg/24 h Amino-N	o. B.	rö. Osteomalacie mit z. T. sym-metrischen Pseu-dofrakturen, Ky-phoskoliose. Hist. Befund liegt nicht vor	Exitus letalis Monate später an primärem Lebercarcinom bei Lebercirrhose	Sektion. Nieren: degenerative Veränderung der proximalen Tu-buli mit fehlend. alk. Phosphatase (n. GOMORI)
	+ 6—25	∅	471—996		167 bis 350 nicht bzw. ge-ring er-höht			rö. stärkere Ent-kalkg. Umbau-zonen, Kyphose der LWS. Hist. nicht sicher zu beurteilen	unbekannt	
5,8	+ 6—10	∅	430	13,6	124	530—570 mg/24 h Amino-N		rö. hochgradige Entkalkung, Umbauzonen, Kompressions-frakturen von Wirbelkörpern	unbekannt	periodische Läh-mungen Hypokaliämie-Phasen ?
leicht sauer bis alk. 6,7 Mini-mum.	+ 0—31	∅	400—1330	22	97—156	zeitweise erhöht		rö. kalkarm, zahl-reiche z. T. sym-metrische Um-bauzonen. Stär-kere Kyphosko-liose im Fall 11. Hist. Osteoporose (Beckenkamm)	unter entsprech. Therapie s. 1952 fortschreitende Remineralisier. des Skelets mit Abheilung sämt-licher Pseudo-frakturen bzw. Frakturen	gesamte Beob-achtungszeit 6 Jahre, seit 1954—55 vermutlich geheilt
leicht s. bis alk. 6,8 Mini-mum.	+ 0—11	∅	800—1300	24	65—113	nicht erhöht				
	+	∅	1149 bis 2139 bei wechselnd Zufuhr	7,4 bis 12,3 n. Therap.	287 bis 793	nicht sicher erhöht		rö. sehr kalk-arm, Deformie-rungen, Um-bauzonen	günstiger thera-peutischer Effekt unter hoher Cal-cium- u. Phos-phorzufuhr so-wie Vitamin D	rachitischer Zwergwuchs

(Fortsetzung) Tabelle 3

Nr.	Autoren	Diagnose	Fall Geschl.	Alter bei Klinikaufn.	Anamnese Alter bei Beginn der Symptome	Blut (Normalbefunde siehe Tab. 1) Calcium mäq/l mg/100 ml	Kalium mäq/l mg/100 ml	anorg. Phosphor mäq/l mg/100 ml	Chlorid mäq/l mg/100 ml	Alkalireserve mäq/l Vol.-% CO_2	p_H	alkalische Phosphatase KAE/100 ml	Menge ml/24 h	Spez. Gew.
13	Milne, Stanbury u. Thomson 1952	Fanconi-Syndrom (mit hyperchlorämischer Acidose)	♀	51	48	4,5 9,0	2,3 9,0	0,7—1,0 1,3—1,7	118 419	14 31,5	7,1 bis 7,3	16	~ 2000	~ 1012 fixiert
14	Dragstedt u. Hjorth 1953	Fanconi-Syndrom (mit hyperchlorämischer Acidose)	♂	46	38—45	~4,2 bis 5,0 8,5 bis 10,0	~4,3 17,0	~1,1—1,3 1,9—2,2	~102 bis 110 362 bis 391	~18—22 40—49		12—14 Buch	800 bis 2200	
15	Sirota u. Hamerman 1954	Fanconi-Syndrom (m. hyperchlorämischer Acidose)	♂	54	45	4,7 9,5	3,1 12,1	1,0 1,7	121 430	16,7 37,2		41		1016 Maximum
16	Kyle, Meroney u. Freeman 1954	Hypophosphatämische glucosurische Osteomalacie (1947 als „Milkman-Syndrom" veröfftl.)	♂	42	32	5,0 10,0	5,0 19,5	1,0 1,8	102 362	28 62,4		16 Bodansky	3000	Hyposthenurie
17	Salassa, Power, Ulrich u. Hayles 1954	Fanconi-Syndrom mit hyperchlorämischer Acidose	♂	16	7	4,9 9,8	3,5 13,7	1,2 2,0	112 398	17,9 39,9		15 Bodansky		1022
18	Myerson u. Pastor 1954	Fanconi-Syndrom	♂	56	55—56	5,4—5,7 10,9 bis 11,4	4,5 17,6	1,2—1,6 2,1—2,8	„normal"	23 51,3		6,4 Bodansky	700 bis 2000	1013 bis 1025

[1] = Werte nach Therapie.

Nierenkolik aufgetreten und danach ein Konkrement abgegangen (Einzelheiten s. Tab. 3).

Magen-Darm-Erkrankungen. Offenbar nur im Fall 9 und 10 haben dysenterische Beschwerden, allerdings Jahre vor Erkrankungsbeginn, vorgelegen.

Unterernährung. Sie ist bemerkenswert in den Fällen 1, 6, 10 und 11 gewesen. Entweder lagen außerordentlich knappe finanzielle Verhältnisse vor, oder es war die Hungerzeit nach dem Kriege, wie bei den eigenen Fällen.

Fragen wir abschließend, welche Fälle nach der Anamnese mit Sicherheit *keine* den Skeleterscheinungen unmittelbar vorausgegangenen Krankheiten durchgemacht haben, so wären die Fälle 1, 6, 8, 9, 11, 13 und 15 zu nennen.

5. Krankheitsverlauf

Bevor die Fälle (Tab. 3) einer gründlichen stationären Untersuchung unterzogen wurden, lagen gewöhnlich Jahre vorher bereits Symptome vor, die sich in erster Linie vom *Stütz- und Bewegungsapparat* und von der Niere herleiteten. Praktisch in jedem Fall waren die ersten Erscheinungen ein Schwächegefühl im Rücken und/oder Bewegungsschmerzen in der Lumbosacralgegend und in den Hüften, die in die unteren Extremitäten ausstrahlten.

Die Feststellung der Glucosurie steht zu dem Schmerzbeginn in verschieden langem Zeitintervall. Im Fall 3, 5, 10, 13, 15, 17 und 18 ist die Zuckerausscheidung

(Fortsetzung)

Reaktion p_H	Glucosurie g/24 h	Albuminurie	Urin Phosphaturie mg/24 h	Phosphatclearance ml/min	Calciurie mg/24 h	Aminoacidurie	Nebenschilddrüsen	Skelet rö = röntgenologisch hist. = histologisch	Weiterer Verlauf und Ausgang der Erkrankung	Bemerkung
6,7 bis 7,2	+	(+)	550—645	22—25		680—1320 mg/24 h Amino-N		rö. kalkarm, Pseudofrakturen	günstiger therapeutischer Effekt durch Natrium- u. Kaliumcitrat und Vitamin D	nur kurzfristig beobachtet Periodische Lähmungen
~ 5—6	+ 9—18	+	400—1000		180 bis 450	700 mg/24 h Amino-N		rö. multiple Frakturen von Rippen u. Metatarsalia. „Milkman-Syndrom"	13 Monate tägl. 20000—50000 i E Vitamin D + Alkalisierung. Anorgan. Phosphor i. S. noch erniedrigt, schmerzfr. gew.	mit 20 Jahren Lues
	+	+ Bence Jones		25,7	nicht erhöht	1300 mg/24 h Amino-N mit ~ 50 Jahren		rö. kalkarm, zahlreiche Pseudofrakturen	unter fortschreitender Niereninsuffizienz Abheilung der Pseudofrakturen	seit 1951 multiples Myelom
6,1	+ 0—16		1000 bis 1200	28	120 bis 150	400—900 mg/24 h		rö. zahlreiche Pseudofrakturen, Osteoporose	nochunbestimmt Vitamin D und Alkalisierung ohne Effekt	positive Phosphorbilanz erst durch erhöhte Phosphorzufuhr
„sauer"	+	+	~ 1750		50—60	„erhöht"		rö. kalkarm, rachitischeZeichen, geheilte u. nicht geheilte Frakt.	gebessert	
5,0	+ 0—10	∅			140	freie Aminosäuren 37,4 mOs/24 h Alpha-Amino-N 523 mg/24 h	o. B.	rö. kalkarm, Umbauzonen, Wirbelkörperfrakturen, hist. Osteomalacie	Exitus letalis, bis zuletzt keine Acidose oder Urämie	Sektion, Nieren: degenerative Veränderungen der proximalen Tubuli. PancreasCarcinom mit Metastasen

praktisch gleichzeitig erkannt worden, im Fall 7 und 11 erst im Verlauf des nächsten Jahres, und in den Fällen 1, 2, 4, 6, 8, 9, 12 und 16 erst nach 2 Jahren und später, dann gewöhnlich bei der ersten gründlichen stationären Untersuchung. Da die Glucosurie in der Regel intermittierenden Charakter aufwies, sind zu ihrem Nachweis oft häufige Urinuntersuchungen erforderlich gewesen. In unserem Fall (Nr. 11 Tab. 3) war während einer 10tägigen klinischen Beobachtung in einem anderen Krankenhaus vermutlich deshalb die Glucosurie nicht entdeckt worden, weil der Urin nur einmal auf Zucker untersucht wurde.

Da in der Regel die erste ärztliche Untersuchung bei diesen Fällen auf Grund der Schmerzen erfolgte, läßt sich über den Beginn der Zuckerausscheidung im Harn nur schwer etwas Sicheres aussagen. Nach den vorliegenden Beobachtungen scheint die *Glucosurie Frühsymptom* zu sein, das für die Erkennung des Krankheitsbildes von höchster Bedeutung ist.

Bei dem Charakter der Schmerzen ist es verständlich, daß in einem erheblichen Teil der Fälle (2, 3, 6, 9, 10, 11, 15 und 16) die Diagnose „Rheumatismus" gestellt und dann oft Monate bzw. Jahre vergeblich antirheumatisch behandelt wurde. Die Zunahme der Schmerzen, so daß sie schließlich im ganzen Skelet empfunden wurden, die Schwierigkeiten des „Ingangkommens", der watschelnde Gang, das oft geklagte Unvermögen, Arme und Beine vollständig heben zu können, das Gehen an Krücken und schließlich die absolute Bettlägerigkeit waren eine Frage von Monaten, gewöhnlich aber von Jahren. In der Zwischenzeit hatten sich Verbiegungen der Wirbelsäule und Abnahme der Körpergröße, Frakturen oder Pseudofrakturen entwickelt. Die wesentlichen Befunde am Skelet dieser Fälle haben wir in Tab. 3 zusammengefaßt. Immer wieder finden sich die Angaben, daß die wegen der Schmerzen durchgeführten röntgenologischen Untersuchungen des Skelets zunächst keinen pathologischen Befund erkennen ließen. Diese Diskrepanz wird verständlich, wenn man bedenkt, daß der Mineralgehalt des Knochens um etwa 30% abgenommen haben muß, um Veränderungen einwandfrei röntgenologisch diagnostizieren zu können (BABAIANTZ). Besonders auffällig war Fall 2, bei dem noch Jahre nach Beginn der Schmerzen die Röntgenaufnahmen der LWS und des Beckens unauffällig gewesen sein sollen. Pseudofrakturen, die allerdings auf frühen Aufnahmen schon vorhanden waren, wurden erst später bei erneuter Betrachtung entdeckt. Bei den eigenen Beobachtungen (Fall 10 und 11, Tab. 3) hatten wir auf die zeitlichen Beziehungen zwischen Schmerzbeginn und den ersten pathologischen Röntgenbefunden hingewiesen. Hier hatte es etwa 1 Jahr gedauert, bis die Skeletveränderungen nachzuweisen waren. Von Interesse dürfte es auch sein, daß bei den oft geklagten erheblichen Allgemeinbeschwerden ein relativ guter Ernährungszustand bei der Aufnahmeuntersuchung vermerkt wurde (4, 5, 8, 11, 16 der Tab. 3), so daß man die Glaubwürdigkeit der angegebenen Schmerzen im Beginn der Erkrankung gelegentlich in Zweifel gezogen hatte und die Frage der Simulation stellte, wie dies auch in unserem eigenen Fall geschehen war.

Periodisch aufgetretene Lähmungserscheinungen, wie sie u. a. im Fall von MILNE, STANBURY und THOMSON (Fall 13 der Tab. 3) zur Beobachtung kamen, wurden auf eine Hypokaliämie infolge erhöhter renaler Kaliumverluste bezogen.

Über den weiteren Krankheitsverlauf sind die Angaben zum Teil unbefriedigend. Bei den Fällen 1, 3, 4, 5, 8, 9, 12, 13, 14, 15, 16 und 17 der Tab. 3 liegt *kein abschließendes Urteil* vor. Die Fälle 2, 6, 7 und 18 starben. Ihre Todesursachen und pathologisch-anatomischen Befunde werden im folgenden Abschnitt näher zu betrachten sein.

Die Fälle 10 und 11 sind in dieser Serie die einzigen, von denen wir sagen können, daß sie mit Erfolg behandelt wurden, ohne jegliche Therapie rezidivfrei blieben und wohl als geheilt zu betrachten sind.

IV. Pathologisch-anatomische Befunde

1. Niere

Pathologisch-anatomische Befunde liegen bei den Fällen 2, 6, 7, und 18 (Tab. 3) vor. Darüber hinaus werden wir uns auf Nierenuntersuchungen beim „Fanconi-Syndrom" bei einer 46jährigen Frau beziehen können, über die CLAY, DARMADY und HAWKINS berichteten.

In der Veröffentlichung von MILKMAN [1, 2] (Tab. 3, Nr. 2) finden sich keine Beschreibungen von Organveränderungen, sondern lediglich die mikroskopischen Diagnosen: „diffuse Nephritis und Arteriosklerose; Myocarditis; Thyreoiditis".

Ausführlichere Befunde liegen im Fall 6 in der Arbeit von COOKE, BARCLAY, GOVAN und NAGLEY vor. Hier muß allerdings betont werden, daß die Obduktion erst 4 Tage p. m. erfolgte und dieser Fall nach einer Ulcusblutung starb, so daß auch hypoxämisch bedingte Veränderungen zu bedenken sind. Mikroskopisch wurden in den proximalen Tubulusepithelien ausgesprochen diffuse Vacuolisierungen vorgefunden und gelegentlich nekrotische Tubuluszellen nachgewiesen. Vermerkt wurde eine gewisse Bindegewebsvermehrung der Niere sowie eine Verdickung der Basalmembran der Tubuli und der Glomerula. Einzelne Glomerula waren im Untergang begriffen bzw. hyalinisiert, wobei die dazugehörigen Tubuli entsprechend verändert waren. Der Lipoidnachweis war minimal, im Bereich der Henleschen Schleifen noch am ausgeprägtesten. Auf Grund histochemischer

Untersuchungen war es auffallend, daß im Bereich der proximalen Tubuli praktisch keine Phosphatase-Aktivität nachgewiesen werden konnte.

Im Fall von STOWERS und DENT (Nr. 7, Tab. 3) wurde die Obduktion bereits 9 Std. p. m. vorgenommen, so daß postmortale Veränderungen, wie sie im vorhergehenden Fall vorgelegen haben dürften, vermutlich bedeutungslos gewesen sind. Als Todesursache war das bei der Obduktion nachgewiesene Lebercarcinom bei Lebercirrhose anzusehen. Das Nierengewicht war mit 360 g leicht erhöht. Makroskopisch waren die Nieren unauffällig gewesen. Mikroskopisch wurde vor allem eine Schwellung und Vacuolisierung der Tubuluszellen beschrieben mit feintropfigem Lipoidgehalt. An den Glomerula waren, wenn überhaupt, nur geringgradige Veränderungen. Das interstitielle Gewebe hatte offenbar nur im subkapsulären Gebiet fibrösen Charakter. Phosphatase konnte in den proximalen Tubulusabschnitten — wo sie normalerweise vorkommt (GOMORI; MENTEN, JUNGE und GREEN) — auch in diesem Fall nicht nachgewiesen werden.

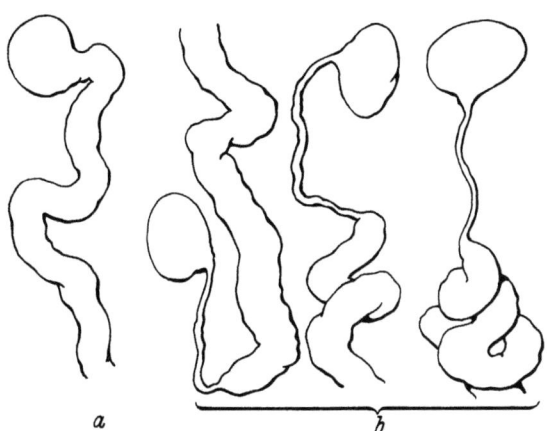

Abb. 13 a u. b. Die durch Dissektion gewonnenen Glomerula und Tubuli a) bei einer Normalperson b) bei 2 Fällen mit „proximaler Tubulusinsuffizienz" (14 Monate altes Kind mit Cystinosis und 46jährige Frau mit „Fanconi-Syndrom"). „Schwanenhalsähnliche" Verschmälerung des proximalen Tubulusabschnittes (nach CLAY, DARMADY und HAWKINS)

Sowohl von COOKE, BARCLAY, GOVAN und NAGLEY (Nr. 6, Tab. 3) als auch von STOWERS und DENT (Nr. 7, Tab. 3) ist dem Befund der fehlenden Phosphatase im proximalen Tubulusabschnitt eine besondere Bedeutung in der Pathogenese der Krankheit zugeschrieben worden. Hierdurch wäre vermutlich die Rückresorption der Phosphate gestört, die normalerweise für die Phosphorylierungsvorgänge der Glucose und Aminosäuren für ihren Transport durch die Tubuluszellen erforderlich sind.

Im Fall von MYERSON und PASTOR (Nr. 18, Tab. 3) hatte die Obduktion ein Carcinom des Pankreaskörpers mit Metastasen ergeben. Die Nieren waren makroskopisch o. B. Histologisch wurde lediglich vermerkt, daß degenerative Veränderungen in den proximalen Tubuli bei relativ normal erscheinenden Glomerula vorhanden waren. Durch Mikro-Dissektion des Nephrons und durch histologische Nierenuntersuchungen bei einer 46 Jahre alten Frau und bei einem 14 Monate alten Kind — beide als Fanconi-Syndrom aufgefaßt (DENT [1]; DENT und HARRIS [2]) — haben CLAY, DARMADY und HAWKINS folgende Befunde (Abb. 13) erheben können:

1. eine abnorme Enge im Anfangsteil des proximalen Tubulusabschnittes bei normaler Form der Glomerula. Diese Veränderung betraf etwa eine Länge von 0,31—1,0 mm. Die Autoren sprachen vom „Schwanen-Hals". In auslesefreien Untersuchungen war dieser Befund praktisch konstant nachweisbar gewesen.

2. eine Verkürzung des proximalen Tubulusabschnittes. In beiden untersuchten Fällen bestand der Eindruck, daß die Tubuli atrophisch waren und nur etwa $1/4$ bis $1/2$ der normalen Länge besaßen.

3. besonders im Erwachsenen-Fall war eine Atrophie des Epithels der distalen Tubulusabschnitte vorhanden, die zum Teil mit polynucleären Leukocyten angefüllt waren. (Hier hatte ein Harnwegsinfekt bei Obstruktion der Ureteren infolge Ovarialcarcinom vorgelegen.)

Fassen wir zusammen: Die Angaben über die Nierenveränderungen in den Fällen 2 und 18 sind für ein Urteil unzureichend. Die beschriebenen Befunde der Fälle 6 und 7 dürften gleichfalls nicht ausreichen, um darin das morphologische Substrat der Nierenfunktionsstörung zu erblicken, zumal im Fall 6 die Obduktion erst 4 Tage p. m. durchgeführt wurde. Im übrigen sind Vacuolisierungen und Lipoidablagerungen besonders im Tubulussystem doch relativ häufig, ohne daß dabei derartige Funktionsstörungen zur Beobachtung gekommen sind. Bezüglich des Fehlens der Phosphatase im proximalen Tubulusabschnitt sind weitere Untersuchungen abzuwarten, die die Frage klären werden, ob diesem Befund im Rahmen des Fanconi-Syndroms eine besondere Bedeutung zukommt.

Bedeutungsvoll erscheinen die von CLAY, DARMADY und HAWKINS mitgeteilten Beobachtungen, die allerdings zunächst auch nur zur Kenntnis zu nehmen sind, da sie bei weiteren derartigen Fällen bestätigt werden müßten. Diese Autoren meinten, daß bei der hereditären Natur des Fanconi-Syndroms 2 Möglichkeiten für die Entstehung der Nierenveränderungen in Frage kämen: Entweder lägen kongenitale Defekte der Struktur und Funktion der Niere vor, oder es käme über eine angeborene Stoffwechselstörung sekundär zu den Nierenveränderungen.

Wenn wir annehmen, daß bei unseren eigenen Beobachtungen die Anomalie der Struktur der Nierentubuli zur Entwicklung gekommen sei, so ist nicht ohne weiteres einzusehen, daß sich inzwischen sämtliche Funktionsstörungen vollständig zurückgebildet haben.

2. Skelet und Nebenschilddrüsen

Da wir bereits auf die Skeletveränderungen hingewiesen haben, wie sie sich bei der klinischen und röntgenologischen Untersuchung ergaben (Tab. 3), können wir uns hier auf die Darstellung der Ergebnisse der histologischen Befunde beschränken, die durch Knochenbiopsie bzw. durch Obduktion gewonnen wurden. Histologische Skeletbefunde liegen von den Fällen 2, 3, 4, 6, 8, 10, 11 und 18 vor. Soweit auch histologische Untersuchungen der Parathyreoidea vorgenommen wurden, werden wir sie gleichzeitig zu betrachten haben.

Im Fall von MILKMAN [2] (Nr. 2, Tab. 3) haben 3 verschiedene Untersucher ihr Urteil abgegeben. G. F. GESCHICKTER konnte in seinem Präparat (li. Femur) keine Osteomalacie-Zeichen entdecken. ,,Nach meiner Erfahrung stimmt das histologische Bild mit der Knochendystrophie vom kongenitalen Typ überein, und hierfür wird von uns die Bezeichnung Osteopsathyrose benutzt." MATTAS hatte im gleichen Fall (li. Femur) von ,,Osteomalacia of the fragile type" gesprochen und CUSTER (re. Tibia) von einer ,,verhältnismäßig selten vorkommenden senilen Form der Osteomalacie". In dieser Diskrepanz, so meinte MILKMAN [2], kämen die Grenzen der Knochenpathologie, nicht geklärte Krankheitsbilder zu diagnostizieren, zum Ausdruck. Zuletzt waren bei dieser Frau die biochemischen Zeichen der Osteomalacie nachweisbar gewesen. Vermutliches Nebenschilddrüsengewebe, das in der Schilddrüse vorgefunden wurde, soll keinen besonderen Befund geboten haben. Insgesamt waren 43 meist symmetrische ,,Frakturen" festgestellt worden, die röntgenologisch Bändern oder Zonen erhöhter Transparenz entsprachen.

Ein spongiöser Knochen (re. Tibia) mit schmalen Trabekeln wurde im Fall 3 beschrieben, wobei beide Seiten der Knochenbälkchen von Osteoidgewebe bedeckt waren. Letzteres enthielt herdförmig eine feinfleckige Calciumimprägnation.

Die Osteoblastenzahl war gering, auch bestand „kein Anhalt für eine lacunäre Resorption". Die Diagnose lautete Osteoporose und Osteomalacie. Ein für die Diagnostik entferntes Epithelkörperchen hatte überwiegend „wasserhelle" Zellen gezeigt.

Im nächsten Fall (Nr. 4), der wie der vorhergehende von HUNTER mitgeteilt wurde, ergab die histologische Untersuchung (re. Tibia) keinen Hinweis auf eine Osteitis fibrosa bzw. Osteomalacie, sondern einen rein osteoporotischen Befund. In dem auch bei diesem Fall entfernten einen Epithelkörperchen lagen Veränderungen wie bei nodulärer Hyperplasie vor. Blutchemisch hatten beide Fälle Veränderungen im Sinne der Osteomalacie geboten.

COOKE u. Mitarb. vermißten in ihrem Fall (Nr. 6, Tab. 3) bei der Skeletuntersuchung (Femur) osteomalacische Zeichen, fanden keinen Hinweis für eine erhöhte Aktivität der Osteoklasten, keine fibrösen Veränderungen des Knochenmarkes, sondern sehr schmale Trabekel als Ausdruck der fortgeschrittenen Knochenatrophie. Dabei hatte auch hier die Blutchemie für eine Osteomalacie gesprochen.

Im Fall von STOWERS und DENT (Nr. 7) sind nur die makroskopischen Skeletveränderungen bei der Sektion, jedoch keine histologischen Untersuchungen mitgeteilt. Im Fall 8 war das Gewebsstück für die histologische Beurteilung zu klein. Im Fall 18 fehlt die genauere Beschreibung; hier ist nur von „generalisierter Osteomalacie" die Rede.

In unseren eigenen Beobachtungen (Nr. 10 und 11, Tab. 3) wurde während des Höhepunktes der Erkrankung (im März 1952) eine Beckenkamm-Biopsie bei beiden Patienten vorgenommen, die Herr Professor KRAUSPE histologisch beurteilte. Dabei hatten sich nur die Zeichen fortgeschrittener Osteoporose ohne Hinweis für eine Osteodystrophie bzw. Osteomalacie ergeben.

Fassen wir diese Befunde zusammen, so ist es zunächst überraschend, daß so häufig bei *eindeutigen blutchemischen Veränderungen im Sinne der Osteomalacie* sich histologisch lediglich die Kriterien der Osteoporose haben nachweisen lassen. Wie in unseren und der Mehrzahl der übrigen Fälle (Tab. 3) waren dabei gleichzeitig in anderen Skeletpartien aber röntgenologisch Loosersche Umbauzonen vorhanden, so daß bei den blutchemischen Veränderungen im Sinne der Osteomalacie diese Diskrepanz sich aus der Lokalisation der vorgenommenen histologischen Skeletuntersuchung zu erklären scheint.

V. Fragen der Pathogenese und Ätiologie

Die bei unseren Fällen beobachteten Symptome der renalen Glucosurie, der erhöhten renalen Phosphat-Clearance und des gestörten Säure-Basen-Haushaltes mit den schweren Veränderungen des Skelets lassen an der überragenden Bedeutung der Niere für die Pathogenese des Krankheitsgeschehens gar keinen Zweifel. Dabei besteht allerdings die Frage, ob hier primäre oder sekundäre Funktionsstörungen der Niere vorliegen, und welche Rolle anderweitigen endogenen bzw. exogenen Faktoren zukommt. Hierauf eine Antwort zu geben, erscheint nur möglich, indem die aufgezählten Einzelsymptome näher analysiert werden.

1. Glucosurie

Glucose wird durch die Glomerula ungehindert filtriert (RICHARDS u. Mitarb.; JOLLIFFE, SHANNON und SMITH u. a.) und normalerweise vermutlich im proximalen Tubulusabschnitt (SMITH) praktisch vollständig rückresorbiert (s. auch Abb. 2). In diesem Fall würde für Glucose der Clearancewert = 0 betragen, da beim Plasmadurchfluß durch die Niere in der betreffenden Zeiteinheit Glucose nicht aus dem Plasma eliminiert wurde. Die tubuläre Rückresorption der Glucose aus dem Tubulusharn stellt eine aktive, energiefordernde Leistung der Tubulusepithelien dar, da die Rückresorption gegen einen Konzentrationsgradienten erfolgt. Wie im einzelnen dieser Transport vor sich geht, an welche Enzymsysteme er gekoppelt ist, darüber ist bislang wenig bekannt (SMITH). Wie für andere Substanzen, die durch die Tubuli aktiv sezerniert oder rückresorbiert werden, so gibt es auch für Glucose eine Transportbeschränkung auf Maximalmengen. Die maximale Rückresorptionsfähigkeit der Tubuli für Glucose, die sog. TmG, wurde bei Normalpersonen mit 375 ± 79,7 mg/min, für Männer und mit 303 ± 55,3 mg/min für Frauen von SMITH, GOLDRING,, CHASIS, RANGES und BRADLEY angegeben. NIELSEN fand bei Gesunden Werte zwischen 267 und 334 mg/min, im Mittel 300 mg/min. Bei einer mittleren Filtrationsrate beim Mann von 127 ml/min würde das Verhältnis Filtration zur maximalen Rückresorption für Glucose rund $1/_3$ ergeben (SMITH). Übersteigt nun die Glucosekonzentration des Plasmas und damit die des glomerulären Ultrafiltrates die Fähigkeit zur vollständigen Rückresorption bzw. ist bei normalem Glucoseangebot im Tubulusharn die Rückresorptionsfähigkeit der Tubuli für Glucose herabgesetzt, so kann es in beiden Fällen zur Zuckerausscheidung im Harn kommen.

Im folgenden sind die verschiedenen, durch verminderte tubuläre Glucoserückresorption bedingten sog. renalen Glucosurien zu betrachten, um evtl. aus deren Ätiologie bzw. Pathogenese Anhaltspunkte für die Beurteilung der eigenen Fälle zu gewinnen. Glucosurien ohne Blutzuckererhöhung kommen u. a. beim sog. renalen Diabetes, während der Schwangerschaft, bei der Lignac-Fanconi-Erkrankung, bei Fällen von Wilsonscher Erkrankung, bei einer Anzahl von akuten und chronischen Vergiftungen vor und wurden kürzlich von LOWE, MOODIE und THOMSON bei renalen Durchblutungsstörungen mit Rindennekrosen beschrieben.

Unter 40000 Fällen mit dem Symptom Glucosurie sind nach JOSLIN u. Mitarb. 84 Fälle von renalem Diabetes vorgekommen, von denen 9 Schwangerschaftsglucosurien waren. ROBBERS fand eine Heredität des Leidens in 15,5% und betont, daß durch systematischere Untersuchungen wohl ein höherer Prozentsatz zu erwarten gewesen wäre. Wie MARBLE, JOSLIN, DUBLIN und MARKS, so haben auch ROBBERS und RÜMELIN betont, daß — entgegen der vielfach geäußerten Ansicht — bislang kein Beweis dafür vorliegt, daß ein renaler Diabetes in einen Diabetes mellitus übergehen kann. ROBBERS und RÜMELIN kommen auf Grund der Ergebnisse ihrer Nachuntersuchungen an 60 Fällen mit renalem Diabetes zu der Auffassung, daß in seltenen Fällen neben einem renalen Diabetes eine Anlage zu einem Diabetes mellitus vorliegen kann, der später einmal manifest werden könnte. Es scheint so, als ob diese Kombination in unserem Krankengut im Fall 7 (Tab. 3) vorgelegen hat.

Über die Ursachen des renalen Diabetes ist bisher nichts Sicheres bekannt (GOVAERTS). Die Verminderung der TmG deutet auf die Nierentubuli. Bei seinen Studien an 6 Fällen glaubt REUBI [1, 2] mit einer von SMITH beschriebenen Titrationsmethode zwei verschiedene Typen von renalem Diabetes unterscheiden zu können, auf die wir hier nicht weiter eingehen können.

Morphologische Studien beim renalen Diabetes liegen bisher nur vereinzelt vor. MONASTERIO [1, 2] teilte die histologischen Nierenbefunde von 4 Fällen mit, von denen 2 anatomische Veränderungen in Form einer Erweiterung der proximalen und distalen Tubulusabschnitte zeigten. In einem Fall war dieser Befund von THEODOR FAHR bestätigt worden. MONASTERIO [2] diskutiert die Glucosurie auf der Basis einer Tubulus-Mißbildung und spricht von „La tubulodisplasia glicosurica". Derartige morphologische Veränderungen dürften nicht in jedem Fall vorkommen. REUBI [1] zeigte kürzlich ein durch Nierenpunktion gewonnenes Präparat, das histologisch keine sicheren pathologischen Befunde geboten haben soll.

Beim renalen Diabetes soll es sich nach ROBBERS und RÜMELIN „nicht um eine lokale Störung in der Niere handeln, sondern um eine solche zentraler Natur". Gewissermaßen als Beweis für diese Ansicht wird die Beobachtung eines etwa 2 Jahre dauernden renalen Diabetes bei einem 28jährigen Mann mitgeteilt, bei dem eine Glucosurie während einer Encephalitis aufgetreten war. Gleichzeitig hatte ein transitorischer Diabetes insipidus bestanden.

Eine andere mögliche Ätiologie der Glucosurie, die BLAND diskutiert, wurde von THOMAS und SOUTHWARD geäußert. Diese Autoren vermuteten, daß die Glucose-Schwelle der Niere unter Hormonkontrolle steht, so wie dies vom Hypophysenhinterlappenhormon für die Regulation der renalen Wasserausscheidung bekannt ist. Die in der Schwangerschaft gelegentlich zur Beobachtung kommende renale Glucosurie wurde für diese These als Beispiel genannt.

Von besonderem Interesse ist hier noch die Erwähnung der blockierenden Wirkung des Phlorizins auf die Glucoserückresorption der Tubuli. Sie soll durch Inhibierung der Phosphorylierung der Glucose (LUNDSGAARD), möglicherweise über eine Einwirkung auf die Phosphatasen zustande kommen (McKEE und HAWKINS; MARSH, DRABKIN und GODDARD sowie WILMER). Die Bedeutung der alkalischen Phosphatase für die tubuläre Rückresorption der Glucose aus dem Tubulusharn wird dadurch nahegelegt, daß die aglomeruläre Fischniere, die keine Glucose ausscheiden kann, in ihren Tubuli keine histochemisch nachweisbare Phosphatase enthält (MARSHALL).

Die von WILMER vertretene Hypothese der Beziehung der alkalischen Phosphatase des Tubulusepithels zum Glucosetransport scheint durch neuere Untersuchungen von LONGLEY in Frage gestellt.

2. Glucosurie und Aminoacidurie

Auf die Lignac-Fanconi-Erkrankung, die eine Kombination von renaler Glucosurie und Aminoacidurie bietet, soll hier nicht erneut eingegangen werden, da wir sie einleitend betrachtet haben. Hier wäre jedoch an die Wilsonsche Erkrankung, die sog. hepato-lenticuläre Degeneration, zu erinnern, bei der — wie bei der Lignac-Fanconi-Erkrankung — die Heredität eine Rolle spielt, und bei der auch eine Aminoacidurie und nicht selten gleichzeitig eine renale Glucosurie erkannt wurde (BRICK; UZMAN und HOOD; BEARN und KUNKEL; COOPER, ECKARD, FALOON und DAVIDSON). Infolge Bleivergiftung wurde bei einem Kind eine renale Glucosurie mit Aminoacidurie beobachtet, über die WILSON, THOMSON und DENT berichteten. Diese Autoren erwähnen eine Arbeit von SPENCER und FRANGLEN, welche gleiche Symptome bei einer Lysolvergiftung beim Menschen beobachteten, sowie eine Arbeit von VOEGTLIN und HODGE, die ebenfalls eine renale Glucosurie mit Aminoacidurie bei Tieren feststellten, die mit Uran vergiftet waren. WILSON, THOMSON und DENT zitieren eine Reihe früherer Arbeiten, in denen bei einer Bleivergiftung eine Glucosurie beschrieben wurde. Der direkte Angriffspunkt der Schwermetallwirkung auf die Tubuluszellen wird durch die Aminoacidurie bei normalen Aminosäurewerten des Plasmas nahegelegt, wie sie im Fall von WILSON u. Mitarb. nachgewiesen werden konnte.

Die angeführten Beobachtungen mögen genügen, um festzustellen, daß die *Ätiologie der renalen Glucosurie* bislang nicht sicher geklärt ist und für die *Pathogenese* sowohl exogene wie endogene Faktoren verantwortlich gemacht werden können. Wir hatten Phlorizin, Blei, Lysol und Uran als Beispiele exogen bedingter renaler Glucosurien erwähnt und als endogene Ursache Stoffwechselerkrankungen angeführt, wie die Lignac-Fanconi- und die Wilsonsche Erkrankung. Bei diesen Krankheitsbildern dürften Erbfaktoren vermutlich ebenso bedeutungsvoll sein wie bei dem sog. renalen Diabetes. Die bisher vorliegenden morphologischen Befunde bieten offenbar kein einheitliches Bild; das mag methodische Gründe haben.

Bei unseren eigenen Fällen war die renale Glucosurie 17 Monate im Fall 1 und 20 Monate im Fall 2 vor Einweisung in unsere Klinik bereits erkannt worden. Bis die Glucosurie endgültig verschwand, konnten wir sie im Fall 1 über 30 Monate und im Fall 2 über 15 Monate beobachten, d. h. eine Zuckerausscheidung im Harn hat im Fall 1 mindestens 47 Monate und im Fall 2 mindestens 35 Monate vorgelegen. Die Zuckerausscheidungen waren gewöhnlich gering, im Mittel lagen sie um 3 g/24 Std. Selbst auf dem Höhepunkt der Erkrankung war praktisch keine stärkere Glucosurie nachweisbar gewesen. Erwähnenswert ist außerdem, daß nicht jede Urinportion auf Zucker positiv war. Die renale Natur der Glucosurie hatten wir aus dem Normalverhalten der Blutzuckerdoppelbelastung vermutet und durch die Verminderung der maximalen tubulären Rückresorptionsfähigkeit für Glucose erhärtet. Der Nachweis, daß es sich bei den ausgeschiedenen reduzierenden Substanzen im Harn um Glucose handelte, wurde durch positive Gärprobe und eindimensionale Zuckerchromatographie (H. BICKEL) erbracht. Aus der Betrachtung der gleichartigen Fälle der Literatur (Tab. 3) konnten wir entnehmen, daß die renale *Glucosurie* im Rahmen der Krankheit oft gleichzeitig bzw. bald nach Beginn der Skeletschmerzen in Erscheinung getreten war. Daraus hatten wir die *wegweisende Bedeutung dieses Symptoms für die Diagnostik* abgeleitet.

In unserem Fall 1, nicht im Fall 2 (Tab. 3 Nr. 10 und 11), zeigten die chromatographischen Untersuchungen des Urins (H. BICKEL) einen gewissen Anhalt dafür, daß zeitweise etwas vermehrt Aminosäuren ausgeschieden wurden. Dieser Befund war aber nach Ansicht von BICKEL nicht so deutlich, daß man ihn besonders betonen müßte.

Eine stärkere Aminoacidurie wurde im Fall von STOWERS und DENT (Tab. 3, Nr. 7) beobachtet. Hier betrug der Aminosäurestickstoff im 24 Std.-Urin im Durchschnitt 1000 mg gegenüber einem angegebenen Normalwert von 100—400 mg. STOWERS und DENT betonen besonders, daß sie in ihrem Fall keinen Zusammenhang der Aminoacidurie mit dem Lebercarcinom bei Lebercirrhose vermuten, da der Aminosäuregehalt des Blutes mit 6,3 mg/100 ml einem Normalbefund entsprochen habe und somit die Hyperaminoacidurie nicht auf eine Hyperaminoacidämie zu beziehen wäre, sondern auf eine verminderte tubuläre Rückresorption. Ähnliche quantitative Angaben bezüglich der Aminoacidurie wurden in diesem Krankengut (Tab. 3) bei den Fällen von MILNE, STANBURY und THOMSON; DRAGSTEDT und HJORTH; SIROTA, HAMERMAN und JAFFÈ; KYLE, MERONEY und FREEMAN gemacht.

Bei den chromatographischen Untersuchungen des Urins ist in dieser Serie nicht ein Fall bekannt geworden, der das bei der Lignac-Fanconi-Erkrankung charakteristische Aminosäurespektrum geboten hätte. Gleichfalls von Interesse ist die Tatsache, daß bislang in keinem Fall von sog. Fanconi-Syndrom bei Erwachsenen (Tab. 3) eine Cystinosis nachgewiesen werden konnte.

3. Phosphaturie - Hypophosphatämie

Auf die Probleme des Phosphatstoffwechsels in Beziehung zum Parathormon und Vitamin D kann nur unvollständig eingegangen werden. Hier interessieren besonders die Zusammenhänge Phosphaturie-Hypophosphatämie und Skeletveränderungen, wie sie sich auf Grund unseres Krankengutes (Tab. 3) darstellen.

Das gesamte anorganische Phosphat wird normalerweise vollständig durch die Glomerula filtriert und dann vermutlich in Abhängigkeit von den Bedürfnissen des Organismus (SMITH) durch die Tubuli rückresorbiert. Dieser Vorgang soll im proximalen Tubulusabschnitt erfolgen, entsprechend den von WALKER und

HUDSON bei Necturus erhobenen Befunden. Nach den Untersuchungen von PITTS und ALEXANDER [2] an Hunden hatte sich ergeben, daß bei normalen bzw. erniedrigten Plasmaphosphatwerten die tubuläre Rückresorption rund 99% ausmacht. SCHAAF und KYLE gaben beim Menschen einen Normalwert von 93,3 ± 3,3%[1] an. Bei 3 Fällen von primärem Hyperparathyreoidismus fanden diese Autoren im Mittel eine tubuläre Rückresorption der Phosphate von 58%, d. h. eine erhöhte Phosphaturie bei gleichbleibendem Phosphatangebot im glomerulären Ultrafiltrat. Diese Form der erhöhten Phosphatausscheidung im Urin durch Parathormonwirkung wäre als eine sekundär bedingte aufzufassen, gegenüber einer primären im Tubulusepithel selbst gelegenen Funktionsstörung, die gleichfalls eine Hyperphosphaturie bedingen würde. Hyperphosphaturie (als primäre Tubulusfunktionsstörung s. auch Abb. 2) ⟶ Hypophosphatämie ⟶ Skeletveränderungen wären eine Reaktionskette, wie sie im Rahmen der Pathogenese des Fanconi-Syndroms im Kindesalter u. a. FANCONI selbst vertritt. Für das sog. Fanconi-Syndrom bei Erwachsenen haben KYLE, MERONEY und FREEMAN gleichfalls in ihrem Fall eine primäre Tubulusfunktionsstörung für die Hyperphosphaturie angenommen und über diesen Weg die aufgetretenen Skeletveränderungen erklärt (Fall 16, Tab. 3). BICKEL [1, 2] hat kürzlich erneut den Standpunkt vertreten, daß die Ansicht, Hypophosphatämie und Rachitis seien durch primäre Phosphatverluste der Niere bedingt, bislang nicht bewiesen sei. Im Frühstadium einer Lignac-Fanconi-Erkrankung beobachtete er in einem Fall bei etwa noch normalem anorganischem Phosphorwert im Plasma keine Hyperphosphaturie. Dieser Autor betont die durch Bilanzstudien in anderen von ihm untersuchten Fällen belegten Befunde einer verminderten intestinalen Calcium- und Phosphorresorption und betont damit besonders die Rolle des Magen-Darm-Traktes.

Über die Ursachen der *primären* Rückresorptionsstörung der Nierentubuli für Phosphat ist nichts Sicheres bekannt. Die Untersuchungen von PITTS und ALEXANDER [2] haben ergeben, daß durch Phlorizin nicht nur die Glucoserückresorption blockiert, sondern dabei gleichzeitig die Rückresorption der Phosphate geringgradig gefördert wird. Andererseits wurde nachgewiesen, daß bei Erhöhung der Aminosäuren Alanin und Glycin im Plasma die tubuläre Phosphatrückresorption um etwa 35% limitiert wird (AYER, SCHIESS und PITTS). Aus diesen Befunden wurde geschlossen, daß diese Stoffe irgendein gemeinsames Element beim tubulären Rückresorptionsprozeß benutzen (PITTS und ALEXANDER [2]) oder — anders gesagt — bei ihrem Rücktransport aus dem Tubulusharn durch die Tubuluszellen hier eine Art Konkurrenz um die zur Verfügung stehende Energie führen (SMITH). Einen Angriffspunkt scheint hier auch das Vitamin D zu haben, da nach Untersuchungen von HARRISON und HARRISON [2] die maximale Rückresorption des Phosphates unter Vitamin D bei Hunden zunahm, die mit einer Rachitis erzeugenden Diät gefüttert wurden.

Betrachten wir das vorliegende Krankengut mit den eigenen Fällen (Tab. 3), so ist bezüglich dieser zu sagen, daß die Hypophosphatämie ein praktisch konstant nachweisbares Symptom gewesen ist (Abb. 5 und Abb. 9). Die Hypophosphatämie war allerdings in unserem Fall 1 ausgeprägter als in unserem Fall 2. Die 1951 gewonnenen Phosphatclearance-Ergebnisse waren in beiden Fällen eindeutig im Sinne einer *relativen Hyperphosphaturie* (22 bzw. 24 ml/min). Unsere Ergebnisse stehen damit in guter Übereinstimmung mit den Resultaten der Bilanz-

---

[1] Berechnung nach der Formel:
$$C_{IN} \times Sp = GF_p$$
$$GF_p - U_p = TR_p$$
$$TR_p/GF_p \times 100 = \%TR_p$$

(C = Clearance; IN = Inulin ml/min; GF = glom. Filtration; TR = tub. Rückresorption; p = anorg. Phosphor mg/100 ml; U = Urin; S = Serum.)

studien und der renalen Phosphat-Clearancebestimmungen, wie sie von anderen Autoren (Fall 6, 8, 12, 13, 14, 15, 16 und 17 der Tab. 3) gewonnen wurden.

Unter der durchgeführten Behandlung mit oralen Calciumphosphatgaben und Vitamin D hat sich zu verschiedenen Zeiten die *renale Glucosurie* zurückgebildet. In unserem Fall 1 (Abb. 5) haben wir sie seit September 1953 nicht wieder nachweisen können, als sich etwa gleichzeitig auch die anorganischen Phosphorwerte im Blut normalisierten. Im eigenen Fall 2 (Abb. 9) fällt das Verschwinden der Glucosurie in die Zeit der hochdosierten oralen Calciumphosphat-Therapie. Diese Befunde verdienen insofern Beachtung, als FREUDENBERG neuerdings über therapeutische Erfolge bei der Lignac-Fanconi-Erkrankung mit vollständiger Rückbildung der renalen Glucosurie berichtete, als er energiereiche Phosphatverbindungen (F. LIPMANN) gegeben hatte.

Aus den Bilanzuntersuchungen der eigenen Fälle läßt sich im Fall 1 eine relativ schlechte intestinale Calcium- und Phosphorresorption feststellen, während diese im Fall 2 keine gröbere Abweichung von der Norm erkennen läßt. Vielleicht war dies auch ein Grund für die zeitlich unterschiedlich erfolgte Rückbildung der renalen Glucosurie, die in gewisser Weise wohl die Schwere des Krankheitsbildes und damit die renale Funktionsstörung im allgemeinen zum Ausdruck bringt.

4. Störungen der Säure-Basen-Regulation

Bei einem Teil der Fälle dieses Krankengutes (Tab. 3) einschließlich der eigenen Beobachtungen war die Säure-Basen-Regulation gestört.

Die renale Regulation der Plasma-Bicarbonat-Konzentration — normalerweise auf einem Niveau von 24—28 mäq/l Plasma — kommt in folgender Weise zustande (PITTS [1, 2, 3]):

1. Bei normalem Plasma-Bicarbonat-Gehalt erfolgt die tubuläre Rückresorption des glomerulär gefilterten Bicarbonats.
2. Bei erhöhtem Plasma-Bicarbonat-Gehalt wird ein Teil des Bicarbonats von den Tubuli rückresorbiert, ein Teil im Urin ausgeschieden.
3. Bei Bicarbonatverarmung im Plasma wird Bicarbonat von den Tubuluszellen vollständig rückresorbiert bei gleichzeitiger Aktion des „basensparenden Mechanismus" der Niere, indem Säure in „frei titrierbarer" Form ausgeschieden und von den Tubuluszellen in erhöhtem Maße Ammoniak aus Aminosäuren gebildet wird.

Die für den Organismus wichtigen Basen werden aus dem Tubulusharn rückresorbiert, indem sie gegen Ammonium-Ionen ausgetauscht werden. Die von PITTS [1, 2, 3] entwickelten Vorstellungen über die Ausscheidung der „titrierbaren Säure" und über die Rückresorption der Bicarbonate wurden schematisch in Abb. 14 dargestellt. Das aus dem Glomerulumfiltrat aufgenommene (s. Abb. 14) bzw. in der Tubuluszelle selbst gebildete CO_2 wird in der Tubuluszelle in H_2CO_3 überführt. Dabei erfährt die Hydratation von CO_2 durch die Fermentwirkung der Carboanhydrase eine erhebliche Beschleunigung. Durch Ionisation von H_2CO_3 in H^+ und HCO_3^- stehen H-Ionen für den Austausch gegen Kationen der Filtratflüssigkeit zur Verfügung. Auf diese Weise werden die von der Niere ausgeschiedenen fixen Basen und Bicarbonat zurückgewonnen. Wird dieser Vorgang der H-Ionenproduktion in der Tubuluszelle gestört, etwa durch Inhibierung der Fermentwirkung der Carboanhydrase, z. B. durch ein substituiertes Sulfanilamid (Diamox), so erfolgen erhöhte Bicarbonatverluste im Urin.

Der in den Tubuluszellen sich abspielende Vorgang ist bei der gestörten Ausscheidung der „titrierbaren Acidität" (Abb. 14 A) der gleiche, wie er eben ausgeführt wurde. Da H-Ionen nicht zur Verfügung stehen, kann nicht das dibasische

(Na_2HPO_4) in das monobasische (NaH_2PO_4) Natriumphosphat übergeführt werden, so daß Kationen mit dem Urin erhöht ausgeschieden werden. Das Urin-p_H wird in solchen Fällen entsprechend der Verminderung der „titrierbaren Acidität" relativ hoch bleiben.

Als 1952 bei unseren Patienten bei vermindertem Bicarbonatgehalt des Plasmas genauere Urinanalysen vorgenommen wurden, ergaben sich als pathologische Befunde relativ hohe p_H-Werte [6,7—7,3] bei niedriger Titrationsacidität (bis 5 mäq/l) und NH_4-Ausscheidung (bis 27 mäq/l).

Somit war nach den gegebenen Ausführungen eine renale Störung der Säure-Basen-Regulation anzunehmen. Normaler Harn soll nach PITTS, AYER und SCHIESS [3] bei einer Alkalireserve des Blutes unter 50 Vol.-% CO_2 kein Bicarbonat mehr enthalten. In Fällen mit renaler Acidose soll es bei gestörter renaler „Säureproduktion" zu erhöhten Bicarbonatverlusten im Urin kommen. Während bei den eigenen Fällen die Bicarbonatbestimmungen im Urin unterblieben, konnten MILNE, STANBURY und THOMSON in ihrem Fall (Nr. 13, Tab. 1) eine Senkung der renalen Schwelle für Bicarbonat nachweisen, so daß etwa 5% des gefilterten Bicarbonats während der acidotischen Stoffwechsellage mit dem Harn ausgeschieden wurden. Kürzlich fand auch BIERICH in einem Fall von Lignac-Fanconi-Erkrankung gleichfalls eine erhöhte Bicarbonat-Clearance.

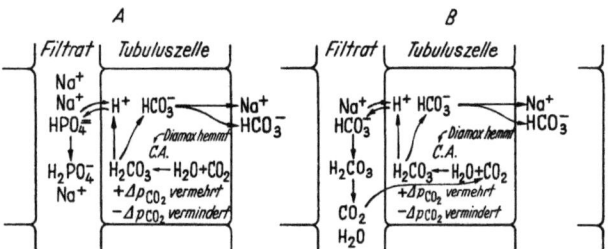

Abb. 14. (Nach PITTS [1]). A: Titrierbare Säureausscheidung; B: Bicarbonatrückresorption; CA = Carboanhydrase (Erläuterungen s. Text)

In dem Krankengut (Tab. 3) zeigen die Fälle 5, 8, 10, 11, 13, 14, 15 und 17 eine eindeutige und die Fälle 6, 12 und 18 eine angedeutete Verminderung der Alkalireserve im Plasma. In Übereinstimmung mit unseren Befunden konnten auch MILNE, STANBURY und THOMSON (Nr. 13, Tab. 3) bei deutlicher Erniedrigung der Alkalireserve des Blutes relativ hohe p_H-Werte im Urin feststellen. Eine *hyperchlorämische Acidose*, die ein charakteristisches Zeichen beim Lightwood-Albright-Syndrom ist, wurde bei den Fällen 13, 15 und 17 (Tab. 3) beschrieben.

Im Mai 1955 sind unsere Fälle einer erneuten Kontrolluntersuchung unterzogen worden mit der Fragestellung, ob noch irgendwelche faßbaren Abweichungen von der Norm in der Säure-Basen-Regulation auffindbar waren. Durch diese Untersuchungen, die wir ausführlich in einer getrennten Veröffentlichung mit KLINGMÜLLER, BOCKENDAHL und RAUSCH-STROOMANN mitteilen, konnte nachgewiesen werden, daß nach Säurebelastung (Ammoniumchlorid) die Änderung der Titrationsacidität, des primären Phosphats, der organischen Säuren, des p_H sowie der gesamten Pufferbreite und Ammoniakausscheidung zu diesem Zeitpunkt wieder einem Normalverhalten entsprach.

VI. Schlußbetrachtung

Der *Erfolg der Therapie* bei den beschriebenen eigenen Beobachtungen legt wohl den Schluß nahe, daß die Krankheit beim Erwachsenen von der nach LIGNAC und FANCONI bezeichneten Erkrankung des Kindes zu unterscheiden ist. Als weitere Begründung zeigen unsere Ausführungen das Fehlen der Cystinosis und das Fehlen des charakteristischen Aminosäurespektrums im Harn.

Auf Grund dieser Tatsachen mag es daher berechtigt erscheinen, über die der Erkrankung zugrunde liegende *Pathogenese* und *Ätiologie* folgende Ansichten zu entwickeln:

Sämtliche Symptome lassen sich am zwanglosesten unter dem Gesichtspunkt einer *allgemeinen Phosphorylierungsstörung* betrachten in dem Sinne, wie es KREBS auf dem Kongreß für Innere Medizin 1952 in Wiesbaden ausführte, indem er sagte: „... daß manche *Teilvorgänge der Harnbereitung allgemein biologische Phänomene* sind, die nicht nur in der Niere — und anderen Drüsen — vorkommen, sondern in allen lebenden Zellen, die Substanzen mit ihrem Milieu austauschen."

Das klinische Bild bei unseren Fällen wurde beherrscht von einer schweren *Adynamie*, die sich erst mit der Remission der Erkrankung zurückbildete. FREUDENBERG berichtet, daß er bei Kindern mit Lignac-Fanconi-Erkrankung eine sporadische Remission unter der Behandlung mit *energiereichen Phosphaten* erreichte. Nimmt man an, daß z. B. die im Energiestoffwechsel zentral stehende Reaktionsfolge Adenosindiphosphat + Phosphorsäure $\rightleftharpoons$ Adenosintriphosphorsäure in ihrem Ablauf gestört ist, so wird die Adynamie verständlich, aber auch die Energie verbrauchende Rückresorption der Glucose im Tubulusabschnitt kann dadurch an Wirksamkeit verlieren und die Resorption des Phosphats durch den Darm gemindert sein. Im Sinne der schon zitierten Ansicht von SMITH findet bei der tubulären Rückresorption zwischen Phosphat und Glucose eine Art Konkurrenz um die zur Verfügung stehende Energie statt. Hierdurch erscheint die Erklärung gegeben für die beobachtete Koppelung zwischen relativer *Hyperphosphaturie* und renaler Glucosurie. *Unter der Phosphat-Therapie* wird die angeführte Reaktion im Sinne des Massenwirkungsgesetzes eine Verschiebung nach rechts erfahren, und diese sicher sehr vereinfachte Vorstellung kann somit den Erfolg der Therapie erklären, zumal dieser in unseren beiden Fällen praktisch gleichzeitig auftrat.

Die *Vitamin D-Therapie* zeigt einen unterstützenden Effekt, der aber hier *sehr individuell von der Dosierung abhängig* ist. ZETTERSTRÖM und LJUNGGREN haben wahrscheinlich gemacht, daß Vitamin D die alkalische Phosphatase-Aktivität erhöht, und somit die Umwandlung von organischem in anorganisches Phosphat erleichtert wird. Unter den entwickelten Vorstellungen würde das bedeuten, daß die Vitamin D-Dosierung im Einklang stehen muß mit dem durch die Calciumphosphat-Therapie verbesserten Phosphatstoffwechsel. Zu hohe Dosen Vitamin D müssen in dieser Sicht eine Verschlechterung bringen, da das Gleichgewicht zwischen Utilisation und Exkretion nach letzterer verschoben wird.

Da sich unter der Therapie auch die *acidotische* Stoffwechsellage zurückbildete, ohne daß eine konsequente spezielle Therapie vorgenommen worden war, und sich physiologisch-chemisch mannigfache Zusammenhänge zwischen Kohlenhydratstoffwechsel, Phosphorylierung und Säurebildung aufzählen ließen, werden vielleicht spätere Forschungsergebnisse auch hier einen Zusammenhang näher erkennen lassen. Einen Hinweis in dieser Richtung geben auch die kürzlich mitgeteilten tierexperimentellen Untersuchungen von HARRISON und HARRISON [1], die durch Maleinsäure-Injektionen eine *renale Glucosurie, Hyperphosphaturie* und *Hyperaminoacidurie* erzeugen konnten.

Bei dem Versuch der Klärung *ätiologischer* Momente aus dem gesamten, in Tab. 3 zusammengefaßten Krankengut lassen sich keine sicheren Anhaltspunkte gewinnen. Allerdings besteht bei einigen Fällen ein gewisser Hinweis dafür, daß der Manifestation der Krankheit eine Mangelernährung — wie bei den eigenen Fällen — oder eine konsumierende Erkrankung vorausgegangen war.

Bei der Analyse der histologischen Skeletbefunde der aufgeführten Fälle (Tab. 3) muß besonders die Häufigkeit der *Osteoporose* im pathologisch-anatomisch definierten Sinne gegenüber der *osteomalacischen* Komponente betont werden. Die hierin zum Ausdruck kommende verminderte Regenerationsfähigkeit kann in Einklang gebracht werden mit dem angenommenen darniederliegenden Energiestoffwechsel, der auch die Osteoblasten in ihrer Eigenschaft als Osteoidbildner beeinflußt hat.

Die klinischen Symptome dieses Krankheitsbildes und der Therapieerfolg lassen es zum Zwecke der Unterscheidung zu der *nur im Kindesalter* vorkommenden Lignac-Fanconi-Erkrankung sinnvoll erscheinen, bei Erwachsenen die Bezeichnung Fanconi-Syndrom aufzugeben. Ein Fanconi-Syndrom im Sinne der Lignac-Fanconi-Erkrankung ist bislang bei keinem Erwachsenenfall bewiesen worden (BICKEL u. Mitarb.), wenn auch die Krankheitsbilder, die in sehr frühem Lebensalter beginnen und die in höherem Lebensalter auftreten, viele gemeinsame Symptome aufweisen.

Ob mit der Bezeichnung *glucosurische Osteopathie*, wie wir sie für dieses Krankheitsbild bei Erwachsenen in Vorschlag bringen möchten, viel gewonnen ist, sei dahingestellt. Es kämen darin wenigstens klinisch leicht faßbare Symptome, nämlich die der *renalen Glucosurie* und *Osteopathie* zum Ausdruck, die für die *Diagnostik* so bedeutungsvoll sind.

Der Begriff Fanconi-Syndrom bliebe für die den Pädiater angehenden Fälle reserviert, bei denen eine Heilung nach unserem Wissen bisher nicht beschrieben wurde, aber für die sich in letzter Zeit günstigere Behandlungsergebnisse abzuzeichnen scheinen.

Für die Bedeutung der klinischen Kenntnis und Therapie des von uns dargestellten Krankheitsbildes ist wesentlich, daß die eigenen Fälle auf Grund der Nachuntersuchungen wohl als geheilt betrachtet werden können. Damit entfällt der Gedanke an eine chronische Stoffwechselstörung, die wir zunächst vermutet hatten, und für die eine dauernde Substitutionstherapie erforderlich gewesen wäre.

Grobe Defektheilungen des Skelets, wie sie bei einem unserer Fälle vorliegen, können vermutlich vermieden werden, wenn die Diagnose früh gestellt wird und wenn früh mit einer *individualisierenden Therapie* begonnen wird.

Meinen Dank denjenigen auszusprechen, die mir bei dieser Arbeit ihre Hilfe zuteil werden ließen, ist mir ein besonderes Anliegen. Insbesondere danke ich Herrn Prof. Dr. BARTELHEIMER, HERRN Priv.-Doz. Dr. BETHGE, Herrn Priv.-Doz. Dr. BICKEL, Herrn Dr. CRÖLL, Frau Prof. Dr. GOLLWITZER-MEIER, Herrn Dr. HERRNRING, Herrn Dr. HOLTHAUSEN, Herrn Prof. Dr. KRAUSPE, Herrn Prof. Dr. PRÉVÔT und Herrn Prof. Dr. WOLLENBERG.

MIX
Papier aus verantwortungsvollen Quellen
Paper from responsible sources
FSC® C105338

If you have any concerns about our products,
you can contact us on
ProductSafety@springernature.com

In case Publisher is established outside the EU,
the EU authorized representative is:
**Springer Nature Customer Service Center GmbH
Europaplatz 3, 69115 Heidelberg, Germany**

Printed by Libri Plureos GmbH
in Hamburg, Germany